导　读

　　本书集聚国内外优秀的童趣元素应用案例，对安德鲁·马丁国际室内设计大奖获奖作品进行解读，并分版块介绍了住宅、酒店、幼儿园、游乐中心等童趣十足的软装元素在空间中的运用。解答了读者关于童趣元素运用的困惑，如多颜色的空间怎样搭配，有趣的软装怎样设计等，走进此书会发现，只要用心，身边或活泼可爱，或憨态可掬的东西都可以变成趣味十足的装饰元素。

　　"色彩教程"是对空间色彩的解读，10个粉色空间的软装经典搭配让人大饱眼福；"编辑推荐"部分为大家推荐了7款设计感十足的厨房木质产品、3本童趣元素的实用书以及1个产品丰富、口碑良好的网店。本书旨在全方位展现童趣元素在设计中的有效运用。

童趣的软装

——给空间装上有趣的灵魂

国际纺织品流行趋势
软装 mook 杂志社　编著

江苏凤凰文艺出版社
JIANGSU PHOENIX LITERATURE AND
ART PUBLISHING, LTD

图书在版编目（CIP）数据

　　童趣的软装 ：给空间装上有趣的灵魂 / 国际纺织品流行趋势·软装 mook 杂志社编著 . —— 南京 ：江苏凤凰文艺出版社 ，2018.3
　　ISBN 978-7-5594-1580-6

　　Ⅰ . ①童… Ⅱ . ①国… Ⅲ . ①儿童－房间－室内装饰设计 Ⅳ . ① TU241.049

　　中国版本图书馆 CIP 数据核字 (2018) 第 021297 号

书　　　名	童趣的软装 —— 给空间装上有趣的灵魂	
编　　　著	国际纺织品流行趋势·软装mook杂志社	
责 任 编 辑	孙金荣	
特 约 编 辑	高　红　刘奕然	
项 目 策 划	凤凰空间/郑亚男	
封 面 设 计	米良子　郑亚男	
内 文 设 计	米良子　高　红　诺　敏	
出 版 发 行	江苏凤凰文艺出版社	
出版社地址	南京市中央路165号，邮编：210009	
出版社网址	http://www.jswenyi.com	
印　　　刷	上海利丰雅高印刷有限公司	
开　　　本	889 毫米×1 194 毫米 1 / 16	
印　　　张	16	
字　　　数	128千字	
版　　　次	2018年3月第1版　2023年3月第2次印刷	
标 准 书 号	ISBN 978-7-5594-1580-6	
定　　　价	258.00元	

目 录

趋势

2 软装教程

3 编辑推荐

1

童趣软装流行趋势
TREND

两本书带你学会如何给空间"装上有趣的灵魂"
丽吉娅·凯萨诺娃的风趣设计专题
来自四个国家的趣味住宅
东方含蓄的空间意趣表达
儿童公共空间的软装设计

>>> **1.1**

两束书带你学会如何给

空间"装上有趣的灵魂"

——《室内设计奥斯卡奖：第19届安德鲁·马丁国际室内设计大奖获奖作品》解读
——《室内设计奥斯卡奖：第20届安德鲁·马丁国际室内设计大奖获奖作品》解读

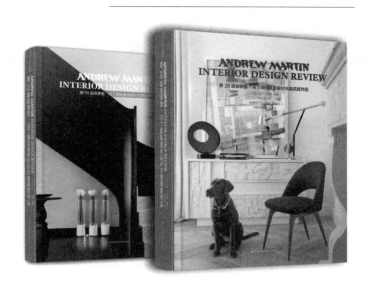

　　安德鲁·马丁奖是室内设计界的风向标。这个国际奖项收录了国际上众多名家的设计案例，在艺术性、生活性上不仅具有很高的水平，也极具权威性。

　　安德鲁·马丁奖被《时代周刊》《星期日泰晤士报》等主流媒体推举为室内设计行业的"奥斯卡"。安德鲁·马丁国际室内设计大奖由英国著名家居品牌安德鲁·马丁的创始人马丁·沃勒设立，迄今已成功举办21届。作为国际上专门针对室内设计和陈设艺术的大赛，每年都会邀请英国皇室成员国际顶级级设计大师、社会各行业精英等，多领域权威人士担任评审，从而保证了获奖作品的社会代表性、公正性、权威性和影响力。

　　安德鲁·马丁奖的案例每年都会以图书、画册的形式对外发布，但有部分读者反映，案例很好，图片很好，但是具体为什么好，看不懂，所以我们将定期拆解安德鲁·马丁奖的获奖案例，对其中一个方面进行解读。

　　今天，我们解读第19届和第20届安德鲁·马丁国际室内设计大奖获奖作品中"空间中童趣装饰元素"的运用。通过这些作品，了解国际大奖获得者们如何轻松地使空间拥有"有趣的灵魂"。

本页四图在两图书中的位置：
第 19 届 – 第 26 页

童趣里有颗不老的动物心

憨态可掬的动物装饰总是会唤醒一颗年轻的心。选择不同种类的动物、不同形态的造型和不同的材质都会带来不同的空间感受，或是森林般的清新自然，或是游乐园般的梦幻好玩。

本页图在两图书中的位置:
本页上左图: 第 19 届－第 486 页
本页上右图: 第 20 届－第 406 页
本页下右图: 第 20 届－第 508 页

本页图在两图书中的位置：
第 19 届 - 第 290 页

荒诞不羁的原色世界
像掉入兔子洞后的爱丽丝梦游仙境

在这个空间里，一切看似不合理的布置中又符合着人们心中的某种常理，不限制风格，不用现实的条框约束，新奇有趣。整个空间仿佛一个梦境世界，鲜艳夸张的色彩搭配、无数涂鸦人物头像组成的墙壁、可爱又带着几丝诡异的小娃娃装饰，让整个空间变得荒诞古怪，但又偏偏让人移不开眼睛。

本页图在两图书中的位置：
第 19 届 · 第 294 页

本页图在两图书中的位置：
第 19 届 - 第 498 页

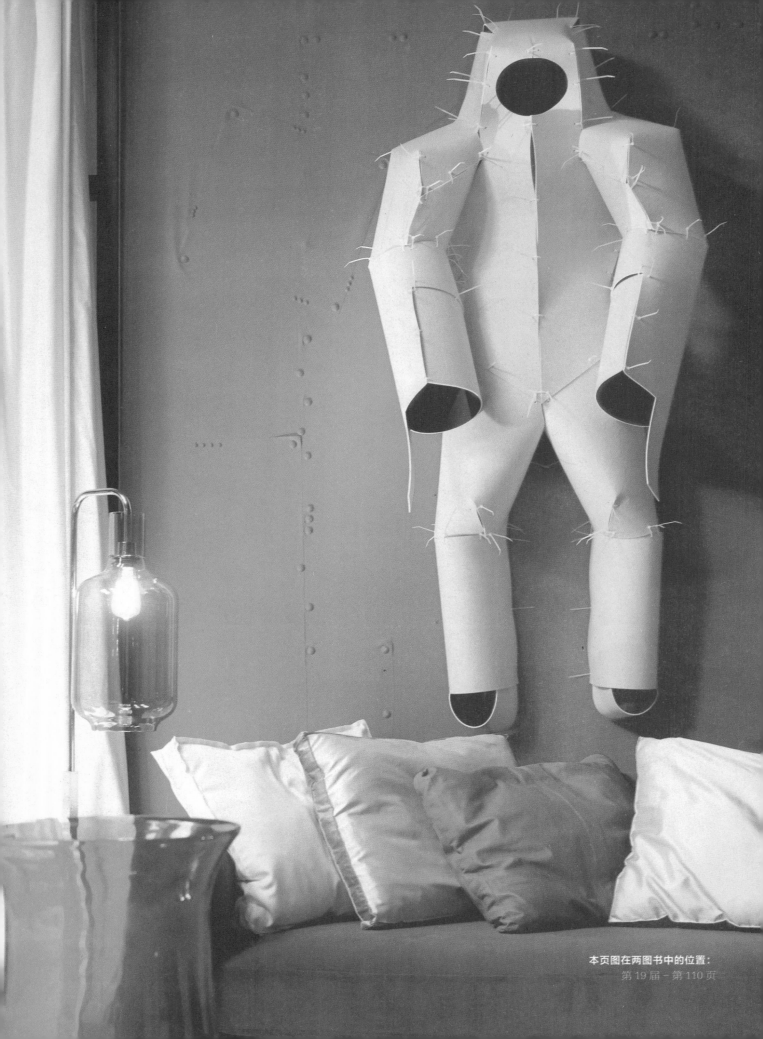

本页图在两图书中的位置：
第 19 届 - 第 110 页

还记得小时候
在月光下追逐的萤火虫吗

纯净的蓝色墙纸，花花草草的单色墙绘，一盏温柔的月光灯或星光灯点亮其间，仿佛回到了记忆中月朗星稀、虫鸣阵阵的童年夜晚。

本页图在两图书中的位置：
第20页 - 第222页

本页图在两图书中的位置:
第 20 届－第 223 页

精致的人偶把你带回中世纪的欧洲

清水泥的地面和墙壁、原木壁炉、墙上的假发、精致的人偶们、墙上挂着的黑色斗篷……仿佛人一旦散去，这些人偶就会苏醒过来，开始一场深夜的舞会……

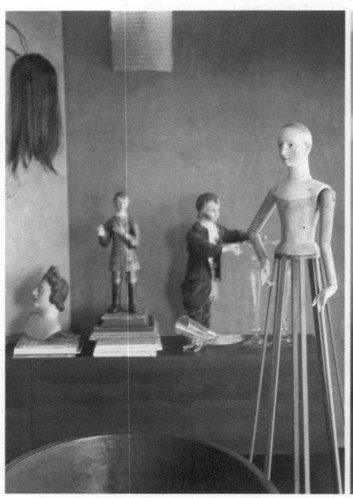

左页图在两图书中的位置：
左页上图：第 20 届－第 211 页
左页下两图：第 20 届－第 209 页
本页图在两图书中的位置：
第 20 届－第 207 页

和循规蹈矩的生活说再见
天马行空让人更加快乐

千篇一律的死板生活难免让人提不起精神，精致和规律也已经不是生活中的必需品。虽然有时天马行空的产物可能会让人觉得不知所云，可这正是其中的精髓所在。

卡通的小动物装饰不一定要摆放在看台上，悬挂起来也许更有趣，室内不一定全要摆放家具，换成秋千和吊环会让室内更加有趣，大红色的滑道座位也更加提神！

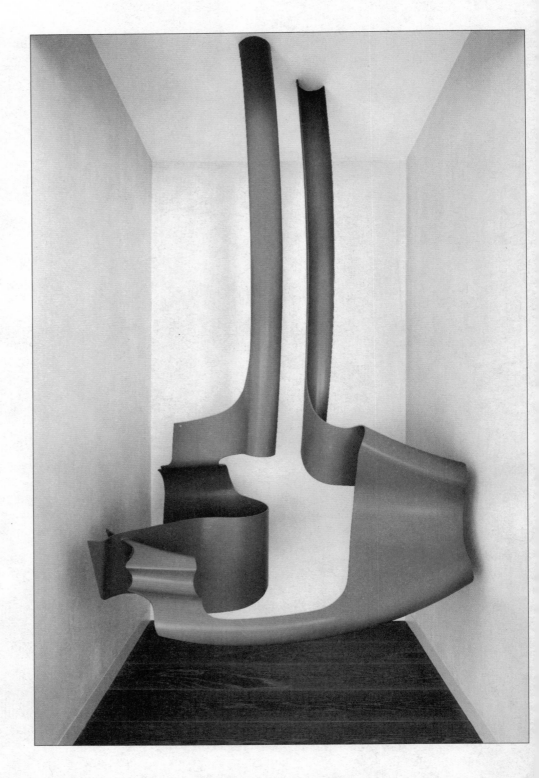

左页图在两图书中的位置：
第 20 届 – 第 290 页
右页图在两图书中的位置：
第 19 届 – 第 387 页

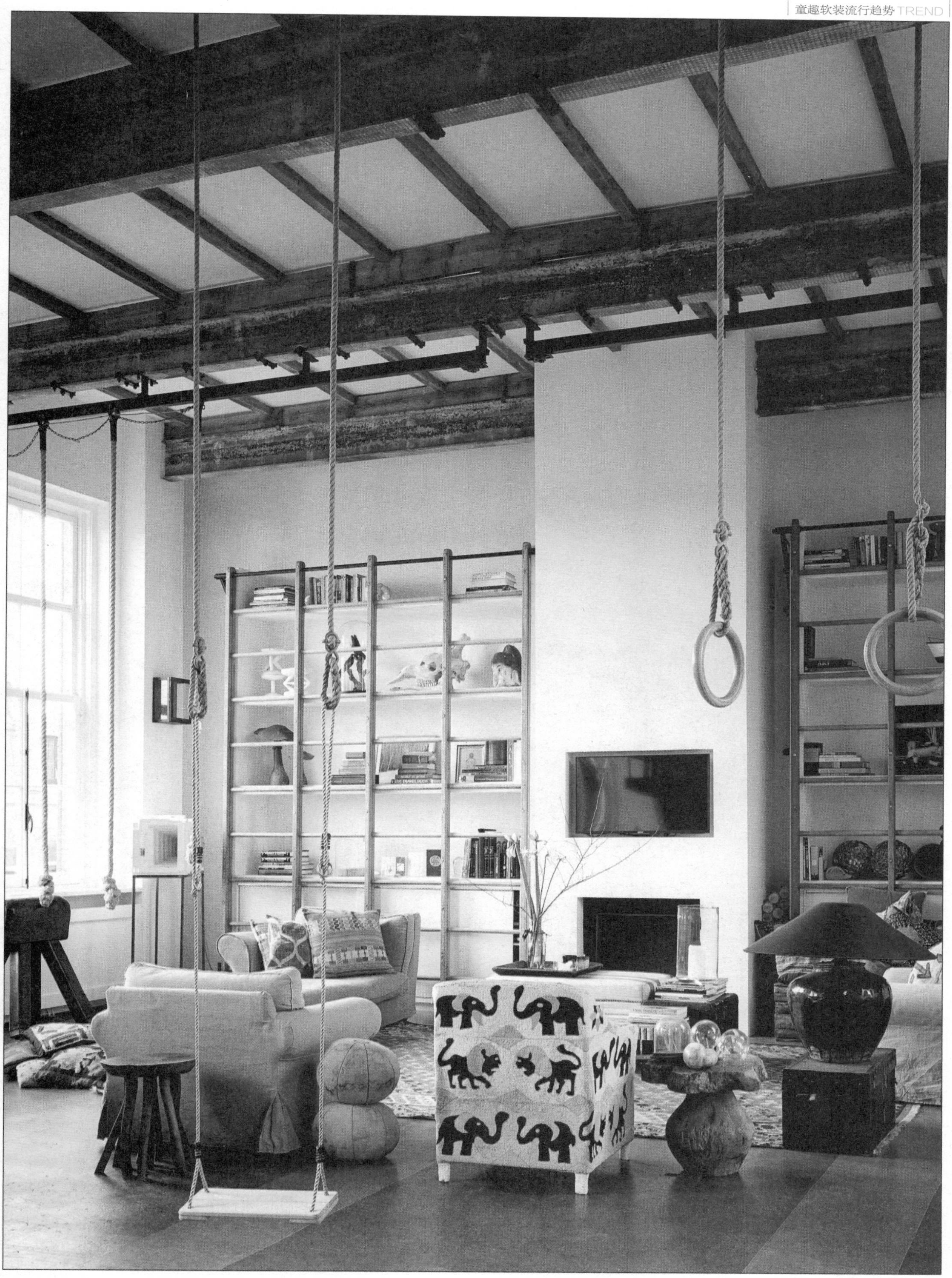

涂鸦粉饰
让空间变成天马行空的连环画

右页图在两图书中的位置：
第19届 - 第189页

右页图在两图书中的位置：
第20届－第61页

敢于触碰童心的未来科技

本页图在两图书中的位置：
第 19 届 - 第 502 页

丽吉娅 · 凯萨诺娃的

风趣设计专题

丽吉娅·凯萨诺娃（Lí gia Casanova），快乐理念的"传教士"，葡萄牙著名室内设计师，1987年毕业于设计专业，在获得平面设计专业的硕士学位后，进入广告和设计公司工作。她在广告设计领域的第一份工作教会了她如何应对压力，1995年，她产生了把快乐价值带入人们生活中的想法，倡导制造快乐，就此走上了室内设计师之路。"为快乐创造空间"是她的设计理念，不管是豪宅设计、店面设计，还是其它的公共空间设计，这种理念一直贯穿她的设计始终。丽吉娅·凯萨诺娃拥有丰富的室内设计经验，曾荣获安德鲁·马丁奖（ANDEW MARTIN）和指环奖（RING AWARD）。

在这节内容中，我们将详细展示丽吉娅女士的8个项目，在臻美的视觉享受中学会如何用色彩给空间"减压"，如何做快乐有趣的设计，并利用作用将快乐传递给他人。

坐标：葡萄牙，里斯本

"米"色公寓
——LIVING IN WHITE

设计公司：Atelier Lígia Casanova 室内设计
设计师：丽吉娅·凯萨诺娃（Lígia Casanova）
摄影：Manuel Gomes da Costa Carlos Cezanne
文 / 编辑：高红 代胜稳

　　这是一个旧公寓的翻新项目。空间大量运用神秘的白色调，给人以现代、舒适、雅致、温馨的感觉。漆艺家具、旧物件、各种木质品、绘画、石材、壁纸、毛毡、羊毛、亚麻、丝绸、艺术品灵活摆放，满足孩子们尽情玩乐的需求。项目历时 8 周，打造出一处轻松愉悦的家庭乐园。

　　色彩是空间设计的"灵魂"，是空间设计中的一个重要元素。空间中的每个项目都以色彩命名，利用人们对色彩的视觉感受，创造出一个有层次，且又鲜活的空间。

在整体白色的空间中，壁面采用装饰画来营造气氛，形状各异的装饰画基本是以手绘的方式表现，采用水平线式的悬挂方式，整齐有序，既丰富又不死板，可爱女孩的小插画自然随意，给人一种单纯美好的亲近感

儿童房间的设计环保自然，整体依靠色彩鲜艳的软装搭配来探寻儿童的世界。床和书架都是环保材质的木材，床品以温馨色调的格子搭配，地面饰以卡通风格的地毯，远处墙面黄色调的装饰画统一放置，四处洋溢着幸福快乐的味道。书架陈列的各色书籍在整个环境中巧妙地起到了辅饰作用，望远镜的摆设满足了儿童对于观察和思考的需求

右页上图：卧室色调明亮，自然光和空间颜色的的和谐搭配，简洁舒适，使人感到一种愉快和惬意，墙面为明亮的黄色，地面和床品则为同色调的蓝绿色，色彩对比形成的碰撞能更加迎合人内心的快感

右页下图：白色工作台的简洁设计，加之自然光线、窗帘和白墙的作用提高了整个空间的亮度，瞬间充满活力。书籍色彩颜色与鲜艳拼贴图案座椅成为一种呼应，跳跃的色彩激发着整个环境的活力

左页上图：采用少量的古典主义装饰手法和天真无
邪的童趣风格，流露出居室主人内心世界的纯真。
镜子旁边饰立着"AMOUR"，即"爱恋"，表达
出一种对爱情的向往

左页下图：选用原木色细小抽屉组成的柜子，侧旁
白色墙壁则是绘制的多格抽屉图案装饰，通过大大
小小灵活多变的方形线条装饰居室墙壁，衬托出轻
松欢快的生活空间，迎合人的心理需求

洗漱室的色调呈暖灰色，有明窗设计，地面和顶面为净白色，黑白落地浴缸与玻璃空间隔开的区域单独分开，上面墙壁六块小装饰画整齐排列，丰富了墙面。洗漱室的灯选用带有一层灰色花瓣形灯罩的白炽灯，灯光氛围与环境设计的组合，营造了一种复古感，并带有丝丝浪漫

坐标：葡萄牙，塞图巴尔

"甜"色住宅
——让插画把空间照亮

设计师：丽吉娅·凯萨诺娃（Lígia Casanova）
设计公司：Atelier Lígia Casanova 室内设计
摄影：Manuel Gomes da Costa Carlos Cezanne
文／编辑：高红 刘奕然

"插画住宅"坐落于葡萄牙的塞图巴尔，塞图巴尔曾是位于大西洋沿岸的一个小渔村，如今天然的海湾保护区让它成为了一个旅游的好去处，这里有自由自在的海豚、鹭、火烈鸟和鹳，当地的陶瓷、沙丁鱼罐头和葡萄酒让你更加真实地感受朴实，自然的欧洲风情。

"插画住宅"以精致和甜腻为整体风格，颇具浪漫主义风。设计师将多种材质进行有机融合，插画作为整个空间的设计主题，来自于不同艺术家的插画与室内的各种现代装饰协调统一，使空间充满童趣。粉色作为主体颜色，搭配适当的布局和通透的采光条件，营造浪漫舒适和畅快的空间氛围。

自然也是设计师的创作灵感之一。在这个具有浓郁欧洲人文风情的沿海地区，自然几乎是一切的载体，温润的陶瓷和漆艺的木制家具，经过设计师的处理，将自然融于现代，使得整个空间内的家具及摆设陈列相得益彰。

插画，

西文统称为「illustration」，

源自于拉丁文「illustraio」，

意指照亮之意，

也就是说插画可以使文字意念变得更明确清晰。

在这里，

可以说，插画把空间的意念变明确了。

或者说，把空间照亮了。

el paseo

以大面幅的插画来填充空间是一个非常有趣的设计，童趣感十足，
镂空的不规则地毯也具有相当强的装饰感

浅色壁纸到灰调家具再到深色的地面，以阶梯式的色彩关系呈现空间，利用色彩和材质间的相互呼应来契合主题风格，而错落摆开的粉红色靠背椅与墙上的插画颜色相呼应，同时利用色彩原理设置了空间中的亮点效果

右页上图：亚麻布艺的沙发搭配极简风格茶几就是极好的自然与现代风格融合的案例。软木加工作为塞图巴尔的地区特色之一，也被大量的运用到了空间中

右页下图：设计师对于空间的细节把控相当考究，经过合理的筛选搭配，颜色搭配带给人一种舒畅感

"插画"作为整个空间的设计主题，由不同艺术家的作品组成，画风可爱搞怪，与室内的现代风格装饰品相辅相成

插画作为现代设计的一种重要的视觉传达形式
以其直观的形象性，真实的生活感和美的感染力，在现代空间设计中占有特定的地位。

光滑温润的陶瓷也是塞图巴尔的特色之一，室内大大小小的陶瓷摆设随处可见，颜色自然淡雅。同色系但各不相同的装饰摆设更添加了空间层次感

颇具自然风格的木质隔断统一了空间的主题色调，木艺餐桌与现代风格的简约纯色椅作为搭配，颜色清新并出挑的餐椅成为空间的亮点，天花板顶部以悬挂的方式展列着的平面插画又为空间带来了一丝不一样的艺术格调

明亮通透的室内采光营造了舒适自然的空间氛围，设计师选用亚麻材质的窗帘来柔和光线，用可爱的布偶摆设来柔和气氛

卧室里的插画是非常吸睛的存在，画风迥异却搞怪和谐，整齐的木材柜、亚麻材质床具和造型简约精巧的陶瓷摆件，自然且精致，无一不透露出生活的品质感。强调自然却不失时尚，弥漫着粉红丁香一般的清新气息，打造出一个浪漫、甜蜜、自然的空间

灰色的壁纸干净整洁，木色的抽屉柜更是温暖，墙壁上悬挂的插花为空间增添了一丝温柔的气息

这一角落不同于大部分的空间，少女感十足，绵软的抱枕加上有视觉厚度的沙发，给人舒适的感觉

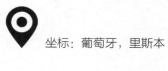
坐标：葡萄牙，里斯本

"暖"色住宅
——黄色营造出的稳稳幸福

设计师：丽吉娅·凯萨诺娃（Lígia Casanova）
设计公司：Atelier Lígia Casanova 室内设计
摄影师：Manuel Gomes da Costa Carlos Cezanne
文 / 编辑：高红 刘奕然

　　色彩是设计的"灵魂"，会给人带来心理和生理的双重影响，设计师常常利用人们对色彩的敏感度和重视感来创造一个有层次的、更鲜活的空间。

　　这个住宅以简洁明快作为设计主题，用"黄色"铺满整个空间。"编织"也是这个空间的重要元素。室内装饰从座椅到地毯都以编织为主，营造强烈的居家气氛，柔软松散的线条足以放松神经，"homemade"的做工夹杂着温暖的情感，从视觉上就给人以舒适感。

　　从小陶瓷装饰品的摆放到用色鲜明小物件来点亮空间，设计师都精心地做了准备，为我们淋漓尽致地展现了葡萄牙的人文风情。

光线对于调节室内气氛起着决定性的作用。不同于以往的整体型玻璃窗，此空间中的分隔落地窗充足光线的同时，也划分着空间

打破以往的装修格局，落地窗改为双开门式的木板门，闭合自如，别出心裁；沙发也由排列式摆放变成了聚合式，方便拉近人与人间的距离

白色的贝壳编织椅放置于暗色的书架旁，一旁的
读书灯完美躲藏于白墙中，设计师精于黑白灰间
细小的色彩变化，也喜欢它们在一起呈现出的反
差和融合

漆艺的茶几，甚至可以看清木材的纹理；高低错落的
摆放，赋有层次感。满满的自然风，别样单纯

左页图: 回旋式的楼梯将空间变得柔和有趣,整个空间用色鲜明、统一,搭配不同的材质的家居装饰作为点缀,这样的明快感正是客厅所需要的

右页上图: 设计师的作品中,白不是纯粹的白,灰也不是纯粹的灰。厨房的整体色调都选用蛋壳白,高级感十足,陶瓷器具和自然的木制品更加突出精致感

右页左下图: 黄色虽为整个空间的主题颜色,但对不同黄色色号的运用以及色彩使用范围的差异,又给空间带来丰富的层次感

右页右下图: 红色与豆沙粉色的针织沙发摆在阳光下,坐在阳光下躺着或者坐着阅读,别有一番风味

跨页图："编织"作为整个空间的重要元素，从装饰吊灯线到地毯到处都有它的身影，由编织线团组成的圆凳，触感松软舒适。蓝灰色与明黄色的桌椅组合与地毯上的色彩元素呼应，轻松点亮了空间

右页上图：小桌是黄色与黑色的组合体，针织地毯更显温和

右页下图：垂落下来的灯具由编织物包裹，黄色与黑色相呼应

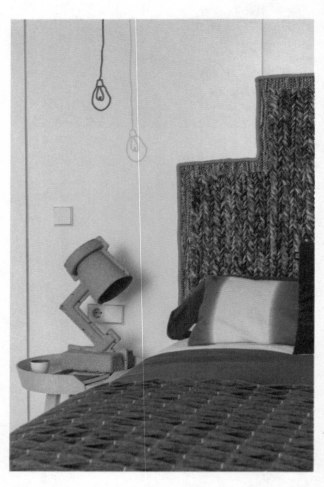

跨页图： 色彩的魔力在于让人在感观上产生丰富的享受。室内设计中就充分发挥和利用这一点，使原本的物品大放异彩。卧室的床头桌和小灯就是完美的诠释。此外天花板的分段设计构成有律感的有趣场景

右页图： 独特的台灯造型更显童趣

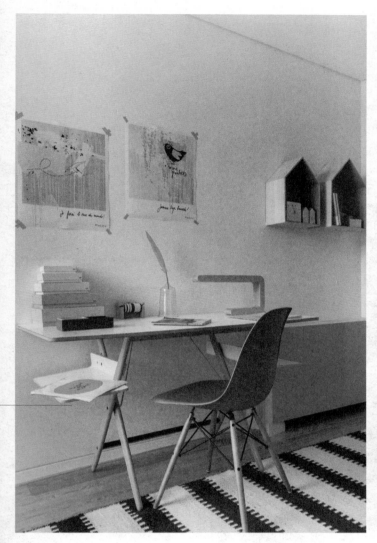

右页两图： 小卧室墙上的粘贴装饰画充满了生活气息，床边墙上的小涂鸦也童趣十足，从细节摆设来看，整体风格氛围轻松可爱。简约流畅的线条，实用的功能，点到为止。简约不仅是一种生活方式，更是一种生活哲学
左页图： 小卧室内的空间面积相对较小，总体选用灰调的颜色避免了视觉上的色彩跳跃感

坐标：葡萄牙，里斯本

"灰"色住宅
—— 浅冷调的巨大收纳力

设计师：丽吉娅·凯萨诺娃（Lígia Casanova）
设计公司：Atelier Lígia Casanova 室内设计
摄影师：Manuel Gomes da Costa Carlos Cezanne
文 / 编辑：高红 刘奕然

现实生活中有不少人是"囤积狂"，家里永
远摆满了各种旧物和零散的东西。如果家里人多
就更是如此，很难保持整洁。这个空间就是如此，
这是一个妈妈带着三个女儿和两只小狗共处的空
间。原本的空间里有成千上万的书本、绘画作品
和各种杂物小件，整理这个繁杂的空间便成了设
计的艰巨任务。

整个空间以中性色为基调，即使狗狗们和小
朋友共处一室也可以同样保持空间的整洁。大量
运用浅灰色和白色，设计师以颜色的统一来进行
空间规划。浅色能够平定心神，加上室内的各种
自然风格装饰来柔和空间，就有了这样一个极具
舒适感的灰色空间。

设计师用不同类型的旧物建立起一种新的秩序，巧妙利用书本方正的特性营造出一种整齐感

右页上图： 以抽屉组合而成整面白墙，加以壁灯点缀，就像时下流行的创意艺术展，而随机抽开小抽屉，在破坏这种秩序感的同时，又产生了新的美感，毫无意外

右页下图： 将原屋内的大量绘画作品进行装裱摆放，选用深色家具缓冲大量浅色背景带来的视觉疲劳，餐厅上的吊灯照片不规律摆放，作为吊灯装饰，别出心裁

左页图： 与各种大型老图书馆的"书墙"不同，这个空间内的"书墙"不受书籍的大小颜色限制，摆放也完全不规律，一些书格中还塞有相框等小摆设。书架上的活动梯，实用性与装饰性并存。沙发桌后的茶几也是一个隐藏的收纳壁橱，处处都是小惊喜

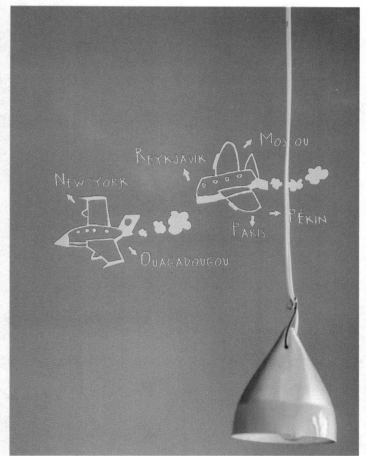

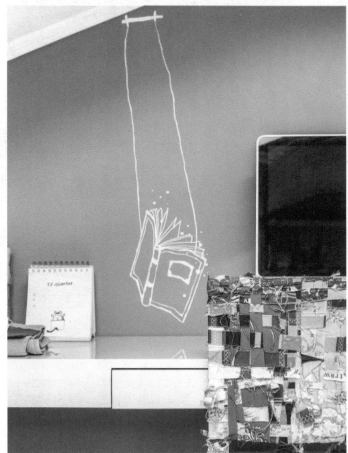

左页两图：书房置于房子的顶层，天窗的设计扩大了采光区域，拼贴式座椅加上复古木制箱，个性十足，墙内的壁橱规划了空间又增加了储物功能

右页三图：民族风格强烈的雕像摆设，对带动空间气氛有一定的影响，墙壁上的涂鸦也是一个亮点，为空间增添了一丝情趣，悬挂的不规则吊灯使空间现代感十足

贴地的书柜让阅读"随时随地"自由惬意：一块地毯，一捆麻袋式的懒人沙发，一组低矮的沙发，随手可触的靠垫，落在地上的书柜，温暖的壁炉……一个"书虫"的自在世界，你可以躺着看书、坐着看书

像口袋一样的沙发摆设在一角，这样的沙发既有趣又舒适

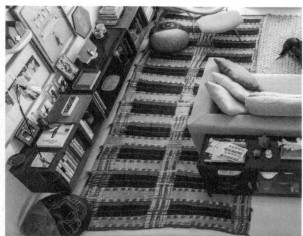

褐色与米色相间的地毯，零星红色与绿色的点缀，更显复古

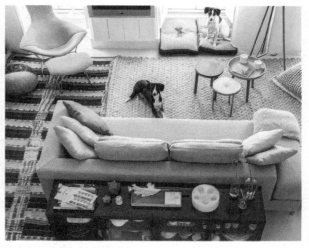

米色的沙发与地毯相呼应

the most beautiful things
n the world cannot be seen or
ouched, they are felt with the heart.

跨页图： "世上最美好的事物不都是能够被看到或是触碰到的，它们是应该用心去感受的。"这段贴在卧室墙上的话也寓意了整个空间的内涵。未经漂白的原生态亚麻，加上各种形式的拼接地毯，自然感强烈
右页上图： 织物地毯柔和了空间，墙壁上的壁橱上也摆放着书籍摆件，蓝绿色的简约书桌在整个灰调的环境中显得格外抢眼，打破了单调
右页下图： 室内多选用复古家具，铁艺的储物柜加以未经漂白的亚麻纺织物作为衬托，工业风的小夜灯在床前，暖黄色的灯光更是为空间注入了一股暖流

跨页图： 厨房整体感觉像网络上大火的"ins 风"，简约的风格，开放式的布局，哑光的深灰桌面，木质平台为整个空间增添了几分自然气息，直通露台的玻璃门和格子窗，生动地诠释空间内涵

右页图： 浴室的"天使小灯泡"作为整个空间里的小亮点，创意感十足，对着镜子看着头上的灯泡，让人忍不住发笑

 坐标：葡萄牙，里斯本

"炫"色公寓
——刷出来的"个性"与"年轻"

设计师：丽吉娅·凯萨诺娃（Lígia Casanova）
设计公司：Atelier Lígia Casanova 室内设计
摄影师：Manuel Gomes da Costa Carlos Cezanne
文 / 编辑：高红 刘奕然

现如今人们对于住所的要求已经不仅仅限于舒适度，更多的是追求一种更加鲜活的生活方式，打破常规的居住方式，寻求新鲜感，于是风格化空间越来越受到人们欢迎。整齐划一和精致华美不再是空间规划的必备条件，人们更喜欢打破常规，打造自己的风格。"玛格丽特复式公寓"就是这样一个颠覆传统审美的作品。

整个空间利用壁灯营造出神秘温馨的气氛，使其不受自然采光的限制。利用色彩的搭配，用明快的颜色制造视觉中心。不加修饰的墙面与橱窗搭配着精细的家居装饰，民族风格浓郁。设计师精于营造室内气氛，运用现代手法将民俗元素融入到设计当中，独具匠心，设计出了风格新奇的作品。

跳脱的色彩搭配为空间增添了不重复，不规则的木质风衣架与编织藤椅依然保有这一空间的主
角光环，复古家具和有着搞怪插画的现代风格家具对比，用极简的线条勾勒出灵动的空间

整个空间结构呈拱形，墙壁及所有的室内边缘线都没有经过精细的处理，但这正是整体公寓的特色所在，米陀黄不均匀地混在室内表面，为了迎合蓝色的装饰画，电视墙上也晕染了几抹紫蓝色

家具摆设以自然元素为主，触感和视觉上都注重舒适感，沙发抱枕
与窗框的颜色相呼应，和谐一致。壁灯造型复古，暖黄色的灯光更
是把温馨的气氛展现得淋漓尽致

在有限的空间条件下，不受传统空间设定的局限，甚至在"客厅"
里设计了可供洗浴的浴缸，标新立异

左页上图：铁艺小吧台上方贴着各种简易菜谱增强了空间的生活气息，大理石纹理贴面的小冰箱更是别出心裁，浅蓝色的地面在视觉上营造了干净整洁的整体效果

左页下图：室内设计的目的就是创造满足人们物质和精神需要的生活环境，设计师没有被空间条件所限制，自行车架装饰性与观赏性并存，为室内增添了几分运动的活力

右页上图： 餐桌摆放的设计更显生活化，精致的餐具摆放讲究，餐桌上方的餐巾更像是一处生活场景

右页下图： 随处可见的地图图案和运动元素、简易方便的基础设施、紧凑的空间布置、做旧的设计更能体现出地区的民俗风格，方便安逸，使得公寓更像是一处适合旅行者的住所

坐标：葡萄牙，里斯本

"木"色之家
——中饱和度色彩的田园式运用

设计师：丽吉娅·凯萨诺娃（Lígia Casanova）
设计公司：Atelier Lígia Casanova
室内设计摄影师：Manuel Gomes da Costa Carlos Cezanne
文／编辑：高红 吴雪梦

这栋住宅位于葡萄牙南部的农场。空间设计将温馨浪漫与乡村雅致相结合，营造出愉悦与幸福的氛围；运用绘画手法，打造出了极富童趣的空间。厨房的壁纸生动、活泼，趣味感十足。空间重视色彩搭配，风格各异，仿佛梦境一般，置身其中，如梦似幻。

对于很多人来说，软装设计是空间中的"锦上添花"之笔。根据色彩搭配的不同，身处其中的人往往会有不同的情绪变化，比如卧室中运用蓝色会让人放松，蓬松的毛茸茸靠垫又让人想要依靠，明黄的墙壁会使人感受到创意灵感的乍现。因此为了求得空间的整体协调，设计师运用大面积的中间状态的、低饱和度的色彩，白色不会那么亮、灰色也不会那么纯。降纯度的家具与墙面搭配高明度软装，让空间浪漫温暖，给人放松愉悦的感觉。

乡村的雅致在客厅被展现得淋漓尽致，小碎花的墙面色彩清新自然。布艺是乡村风格中非常重要的元素，本色的棉麻布艺的天然感与乡村风格协调，配以叶形的设计温馨明亮

左页左图： 从色彩心理学上看，浅咖色给人稳重、成熟的踏实感觉。厨房里，整体暖色调的应用营造了一种家的温暖和幸福，餐布的摆放也很好地活跃了空间氛围

左页右图： 走廊以原木色的地板铺装，垫上橙红和灰色的软垫，儿童可以光脚行走

右页图： 原木色的地板、木门、衣架，配上毛绒地毯，更显居家温馨浪漫

左页左图： 偏粉色的米色是很多女生的最爱，在这样的空间梳洗穿衣，心情也会飞扬起来。低明度的衣柜和穿衣镜配合同色系的墙纸，使整个空间柔和清新。田园粉和清新的纹饰充满了浪漫气息

左页右上图： 浅米的卷草纹墙纸十分温馨，厚重的卫浴家具配上质朴清新的米色，让整个空间的气质瞬间内敛起来，不张扬，不霸道。而童趣十足的装饰画挂在墙壁上，在一片温馨中增添一抹天真与烂漫

左页右下图： 精心设计的墙面花草纹理，体现了现代艺术的美感。自然与现代的结合，通过这样一堵床头墙的设计，就完美地体现出来了

右页上左图： 红色是强有力的色彩，除了具有较佳的明视效果之外，更传达出活力、积极、热诚、温暖的氛围精神。彩色的小公鸡雕塑点缀空间形成美感，童稚化的设计丰富了空间趣味性

右页上右图： 色彩斑斓的灯具由各色童趣十足的小物件组成

右页下左图： 洗漱间运用补色相配，形成鲜明的对比，奶绿色和粉红色系的搭配，柔和活泼，充满童趣

右页下右图： 创意的涂鸦，大胆地色彩运用，让儿童可以尽情幻想

坐标：葡萄牙，里斯本

红色圣诞
—— 难得一见的节庆软装设计1

设计师：丽吉娅·凯萨诺娃（Lígia Casanova）
设计公司：Atelier Lígia Casanova 室内设计
摄影师：Manuel Gomes da Costa　Carlos Cezanne
文 / 编辑：高红　刘奕然

这不仅是一个室内设计，同时还是一个主题丰富的空间装饰设计。圣诞节是西方的一个重要节日，设计师将圣诞风格搬进室内，选用圣诞元素装饰，打造了这独一无二的室内空间。

整个空间细节处理考究，甚至于装饰品和家具的摆放都是精心计算的结果。民族元素在空间中成为主导，并以一贯之，复古的家具和未经过精细加工的地毯以及精致的板件并存于同一空间，混搭但并不突兀。

空间的整体色彩把控也很好地迎合了主题，酒红和墨绿是圣诞的主题颜色，在白色空间中到处可见圣诞红点缀的景象。相比于平常的空间设计来讲，主题空间的装修更能够突出空间的特色，用节日的温馨打破冬日的沉寂。

四方桌八人座，摆放密集却不拥挤，家庭氛围强烈。墙壁上的展示柜中摆放的陶罐使整个空间生动而和谐

左页图： 客厅的民族元素相对更多一些，加以少量的圣诞装饰来调节气氛，以民族风格的大色块地毯进行空间划分，让空间更加饱满

右页上图： 壁橱设计在夜晚便成了整个空间的亮点，壁橱内的小夜灯为整个空间加了一层温暖的柔光，槲寄生的小烛台等装饰精致但不繁琐，木制小推车及里面的布玩偶同样吸引人，平衡了视觉效果

右页下图： 房间的一角放着趣味十足的木质小推车，旁边放着铁艺树木雕塑，别出心裁

凳子上放置红色的软垫，旁边的特色烛台更显童趣

毛绒的抱枕满是圣诞气息，民族风格的茶壶隐藏着圣诞的色彩密码

微笑的卡通人物壁画，乡村风的复古家具，直白地宣告着这一空间的暖暖家味。那一抹圣诞红，似会七十二变一样，散落于空间各处

圣诞节特有的"蛋酒"、贴心的玻璃杯，套加上红丝绒蛋糕，
让整个空间甜腻而浪漫

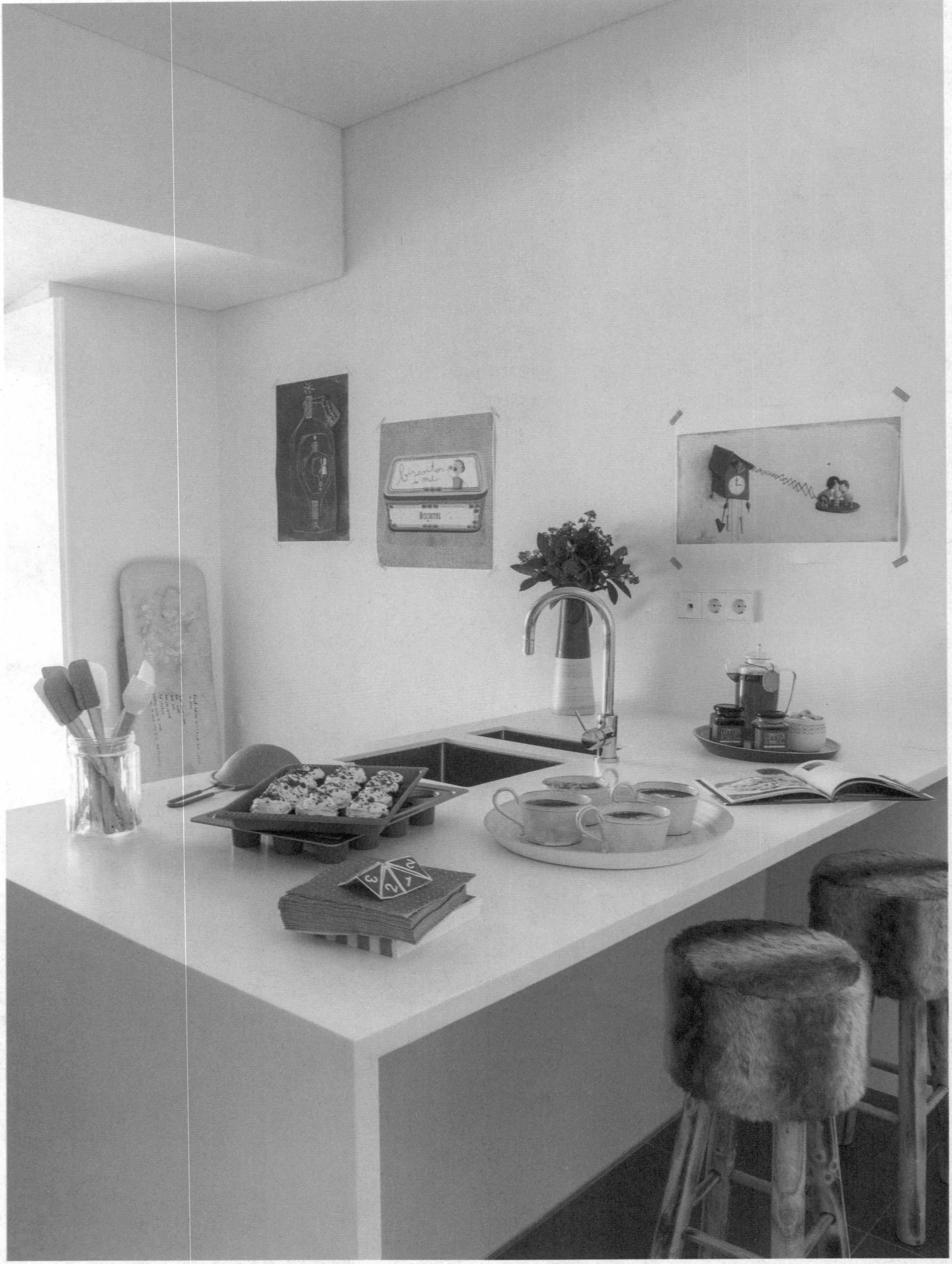

左页图：白色空间到处弥漫着烘培的香气，高脚毛绒凳更为空间平添了几分柔软和暖意

右页左图：团聚是每个节日的核心，桌上的陶瓷杯碟、木质案板，承载的不仅仅是节日美食，更是亲情的温暖

右页右上图：不同于以往形式的圣诞树，设计师选用树枝支撑的形态来代替以往的圣诞树，在树枝圣诞树上悬挂一些装饰物，仿佛从天而降，对于使用者来说似乎又近在咫尺

右页右下图：设计师特别注重对色彩的把控，餐巾、烤箱、手套、餐具，甚至是水壶手柄都有那一抹圣诞红的身影。不同的圣诞红色号，同中有异，避免了视觉上的疲劳

i love
you
more than
all the
stars

左页图： 打破传统的床头柜样式，两个木头凳子的简单组合，可作为台灯和物品的放置处，极简中透着森林气息

右页左图： 空间以民族元素作为主导，卧室床上的针织毯从做工到材质都散发浓浓的民族气息

右页右图： 西方有一个传说，圣诞节一定要用槲寄生作为装饰，在圣诞夜时情侣在槲寄生下接吻就会获得永久的幸福，门口处的槲寄生也为这个温馨的节日带来了一丝浪漫的气息

左页图： 室内的床单椅子与圣诞主题相互呼应，床头的置物柜又为空间添加了家庭的温馨
右页上图： 设计师不断用相似的或是颜色有些许不同的单品来装饰空间，既可以保持空间的整体性，又不至于让人眼花缭乱
右页下图： 浴室的整体风格整洁简约，为了迎合主题，空间选用红色在白色空间中作为点缀

坐标：葡萄牙，里斯本

白色圣诞
——难得一见的节庆软装设计2

项目设计：丽吉娅·凯萨诺娃（Lígia Casanova）
项目公司：Atelier Lígia Casanova 室内设计
摄影师：Manuel Gomes da Costa Carlos Cezanne
文 / 编辑：高红 代胜稳

白色圣诞（WHITE CHRISTMAS）旨在为一个里斯本展览布置梦幻般的圣诞场景，项目历时4周的时间。空间设计主要运用羊毛、木材、漆艺家具、亚麻织物、陶瓷、丝绸、绘画装饰这些元素。

整个空间以咖啡色和白色为主，配上实木色，更显温暖

圣诞树造型的白色盘绕装饰物和礼物盒子洋溢着浓郁的圣诞氛围，这种白色圣诞氛围温情而安静

高低错落的书架上摆置着各种手工小物件，妙趣横生。奇特的手工陶艺、简易的小鸟笼、浪漫的水晶球……到处充满童真的味道

满布圆点的地毯上的弧形座椅不对称摆放，造型也有所差异，底座为金属框架，在视觉上与柔软的面料材质形成一种反差，格调高雅，带有微肌理图案的色块拼贴面料在净色中注入了新的气息

"白色＋咖啡色"的色彩主调，用对比的处理制造层次感，深色的地毯和沙发上搭配浅白色靠垫、铺巾、装饰画白色
的墙面上则点缀深色的插画作品

白色点状的圆形地毯极具设计感，白色凸起表面，似一块块错落的小鹅卵石，绒绒的感觉使人不禁想要踩一踩

书架上的装饰小动物，造型简单却趣味十足。一个小轮廓身子加上细长的四肢，两个小珠子形眼睛连串着两根可爱的头发，瞧！我坐在这里恬静地看着你

一盘甜品软装小饰物放在沙发上，白色融入色调中，成为点睛之处。方形中的圆，面中的点，沙发上放置小食品的设计，有意无意中营造了一种居家惬意的舒适放松感

这个不大的房子里有着各种各样有趣的呼应：

油画与家具、地毯与床品、干树枝与挂画，甚至书架上的摆件，都能在空间中寻到相似结构或性质、或质感的物件，别致用心。

沙发旁金属支架的白色落地灯，木质低矮的圆桌，大大节省空间的同时，桌上的娃娃装饰品又赋予空间一点点童真

涂鸦式的剪影人像插画，似在讲述那些回不去的旧时光，充满岁月的味道，与设计独特的木凳色调统一，相映成趣

窗边立着处理过的干枝树木和原木制作的高凳,阳光透过窗子倾斜而入,使整个空间充满了惬意独特的冬日气息

来自四个国家的趣味住宅

　　美国的高端科技，巴西的自由热情，德国的循规蹈矩，中国的中庸柔和。看了这几个案例后会发现，原来美国住宅里高科技也可以不高冷，还可以萌萌哒；巴西公寓里的自由热情也可以不土著，甚至可以玩出有思想深度地高冷清艳；循规蹈矩的德国住宅，释放起来那么疯狂；而中国家庭的童心一旦被唤醒，能量也不可估量！

　　这节详细展示了四个好玩的住宅案例，教大家如何利用各种手法，打破头脑中的固化思维，使用软装来满足每个家庭高难度地个性化需求。

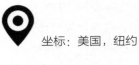
坐标：美国，纽约

美国公寓
——这里的"科技"不太冷

设计师：Karim Rashid
设计公司：Karim Rashid Inc.
摄影师：Natan Dvir
文 / 编辑：高红 刘奕然

纽约是一个快节奏的城市，人们忙于工作，忙于生活，也导致一大部分"NewYorker"压力巨大，神经紧绷，因此一个可提供放松环境且拥有可转化功能的居家环境，在这样的生活背景下，尤为重要。

设计师将整体空间与科技相结合，利用现代感强烈的家具和装饰加以点缀，将这间公寓比喻成一个可转换、可随心安置的开阔的空间。在这里，室内的所有物品都能够自由呼吸，正好突出了空间的个性化特征。公寓内的色彩搭配也是整个空间的一大特点，白色作为整体的色彩基调，加以大量粉色调装饰加以调和，丰富的色彩满足居住者对视觉享受和高品质的追求，也突出了生活的舒适与轻盈。中性感十足的空间设计能够唤起人们内心的宁静和安逸，凸显出室内其他醒目且令人振奋的鲜艳色彩，这样的室内配色方案正是全球化背景下的创新思维的体现。

室内的环境充分体现了现代科技在家居环境中的作用，丰富的色彩也满足了居住者对视觉享受和高品质的追求。室内的设计柔和且有弧度，圆润的空间线条设计，打造出美好、和谐的居住环境。19街公寓完美实现了人们想要远离喧闹的群居生活，追求感官苏醒和简单的生活环境的内在愿望。

公寓内的创意现代风格家具可以说是整个空间的亮点，用风格和颜色分割的桌子、不规律形状的湖蓝吧台椅、人脸装饰瓶加上扁脸长身猫的桌面装饰，让人觉得空间中处处是惊喜，紫粉调的空间装饰，利用色彩间的差异为空间增加了层次感，而吧台暖黄色灯光的设计，营造了放松的气氛

客厅透明的几何形茶几，有效地为室内空间提供了视觉平衡，室内空间中的白色背景色好像帆布
画的白色背景，放映胶卷外形的陈列架与空间中其他元素不同，整体圆润的空间线条设计，打造
出美好、和谐的居住环境

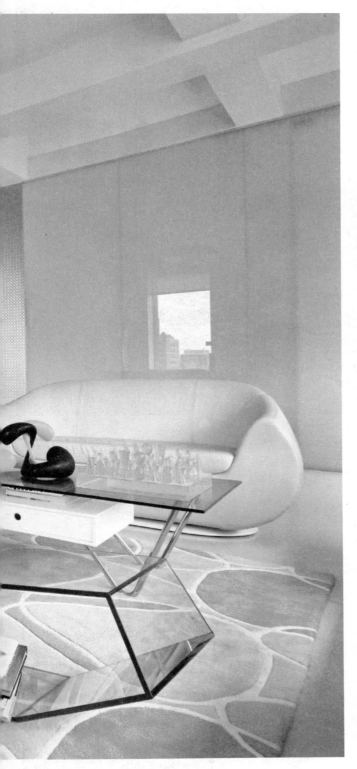

设计师利用了两款圆形沙发作为空间隔断，留白的中心维持整体的平衡性。透明的亚克力餐椅，在其他复杂的装饰中起到缓解视觉混乱的作用

这个环境中没有固定的风格，空间的色彩搭配鲜艳大胆。室内采光面积可达 149 平方米，采光性特别好。公寓内设有朝西和朝南的窗户，透过窗户可以尽情欣赏哈德逊河的风景

左页上图：弧线的空间设计，大量现代主义风格的家具，基于粉色调的色彩搭配，19 街公寓以行动诠释着绿色环保和概念设计的理念

左页下图：由彩色亚克力板拼贴而成的透明展柜完美的融入空间中，连同展柜上的摆设都很好地迎合了这个个性化的空间，在人文情怀上完美应和了"New Yorker"丰富多彩的生活

右页图：玄关处穿衣镜上穿插放有一个置物架，美观的同时又有实用性，一定程度上起到了放大空间的视觉效果，在室内装饰和地面色调的映衬下，整个空间呈现出渐变的效果

左页上图： 书房的空间相对来说较小，为了注意力的集中，设计师没有在书房运用过于跳跃的颜色，地上的暖黄灯成为了整个空间的视觉亮点，书房的置物柜也打破常规，利用不规则的摆放方式，新意十足

右页下左图： 浴室前的空间选用长廊结构，玫粉色的地面映射到细长回廊的墙上，将整个空间都衬成了粉色，而规整的空间结构又起拉伸视觉的效果

右页下右图： 设计师所创造的"19 街公寓"，全面展示了当代的设计艺术，是一个集享受、放松、社交、工作和体验美好生活于一体的地方，就像浴室中的前后镜墙，利用视觉效果为空间创造了无限循环感，粉色的洗手池符合主题颜色的同时，也透露着一份时代感

右页图： 卧室相比于其它空间不适合大量使用彩色，所以设计师将空间色彩搭配略作调整，但墙上的现代波普艺术画作在色彩温和的室内，是视觉冲击力的担当

坐标：巴西，库里蒂巴

巴西住宅
—— 热情国度的非传统设计

设计师：Studio Guilherme Torres
摄影师：Denilson Machado of MCA Estúdio
文 / 编辑：高红　刘奕然

　　现代的年轻人对室内装修风格的要求和从前大相径庭，他们更加追求个性化和空间的艺术性。设计师根据公寓主人量身打造了整个空间，色彩搭配亮眼，新意十足，平衡了视觉效果。

　　因为很难找到与空间完美融合的家具及装饰，所以设计师决定自己亲自设计室内的所有物件。设计师选用了大量自然风格元素和现代配色及作品相融合，并且结合了巴西当地特有的材质和元素，空间中到处萦绕着清新恬静的气氛。

客厅的木制结构墙作为整个室内空间的视觉中心，以马尾松木为原料，堆积的结构造型加以凹凸不平的墙体设计，别出心裁，给整个空间增加了自然的气息

跨页图： 客厅中心布艺沙发上的曼陀罗花纹，与抱枕花图案相呼应，为室内增添了民族风情，沙发的色调也符合了整体色调，由 João Machado 创作的艺术作品摆放在灰暗色的贵妃沙发旁边

右页上图： 公寓入口处是空间的一个亮点，本该掩盖的结构柱暴露在外，做旧的水泥材质与整体空间的配色完美融合，又与餐桌形成一对完美的组合

右页下图： 厨房采光性好，简洁明亮，利用厨房用具与小吧台的颜色和整体保持协调。由于厨房和起居室之间没有分隔两个空间的门，因此起居室的墙壁也延续了厨房墙壁的设计风格，而镶嵌式的冰箱摆放，节省了空间

设计师对于色彩的灵活运用，使整个空间变得层次感鲜明，利用同色系但色号不同的颜色来充实墙面，加以扎染风格的丹宁地毯又为空间添加了几分民族特色，室内设计品色彩搭配协调，为空间增添活力

右页上图：卧室设计一改客厅的大胆明艳用色，选用黑白对比色，大量用于主卧空间的家具、床上用具、墙上装饰内框上，加以神秘蓝的点缀，简单不单调。衣橱柜选用了纯度极低的薄荷绿作为呼应，且为了保持空间整体的视觉统一性，艺术作品均选用黑白形式

右页下图：薄荷与蓝色调的融合为基础色，搭配灰暗色贵妃沙发，沙发墙上方的黑白人像摄影作品保证视觉平衡的同时，也为营造空间中的艺术气息起到了很大的作用

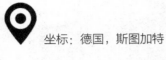

坐标：德国，斯图加特

德国公寓
——循规蹈矩国度里的释放之作

设计公司：Ippolito Fleitz Group GmbH Identity Architects
设计团队：Kim Angenendt Hanna Drechsel Gunter Fleitz Lena Hainzinger Peter Ippolito Masafumi Oshiro Verena Schiffl Markus Schmidt
摄影师：(ZB) Zooey Braun Stuttgart
文/编辑：高红 刘奕然

这座公寓位于斯图加特市中心处的一幢受文物保护的古建筑当中，这是一套上下两层的天顶阁楼，总面积290平方米，在平面图上看，似是切下的一块蛋糕。

整体空间的设计装饰都由身为建筑师和设计师的屋主们亲自操刀，整个空间的创新性、艺术性，以及各种风格之间的相互碰撞和融合都恰到好处，颜色的协调性和对比性作为空间的主题，艺术感十足的装饰品充盈整个空间，经过设计上的调和和搭配，即使是风格迥异在整体的环境中也不显得突兀。

公寓中满是主人在旅途中或艺术品市场收集的各种纪念品和灵感源泉。这幢建筑的原有特点是，以中央走廊为轴，多个房间循序排开。鉴于文物保护的原因，这一结构仅略加改动。尽管如此，一个宽敞通透，层次分明的生活空间仍在此诞生。这套阁楼公寓是一个记忆的博物馆，同时也是展示主人创造力的舞台。这里没有单一的审美，而是一幅融汇了各种风格的拼接作品。虽然画风各异，但又浑然一体。每一个房间都是主人个性的完美体现。

一匹来自古印度的与实物等高的木马站在一面半透明的灰色玻璃背景前，更加强了这个房间的异域风情。木马上方悬垂的吊灯从天花板的开口垂下，好似一名骑手，构成了公寓上下两层之间的一个衔接。通往上一层的楼梯采用深紫色的踏板，搭配墨绿色的梯身

由浅灰色的门厅看进去，似乎这里像是一个画廊，处处都摆放着各种旅途纪念品。空间整体以浅灰色典作为主体颜色，一张来自印度的木质长凳构成空间主体，顺着走廊的方向进一步加强了空间原有的锥形，产生拉伸效果

比起一个公寓，这里更像是一个小型的艺术市集。整套公寓内均铺设黑色人字形实木地板，房间的结构分割看起来更加流畅，又与建筑原有的古典主义风格形成对比

门廊中充斥着各种不同的艺术装置，其中一个原始风格的犀牛头最为吸睛，木质的复古装置加上现代的简约风格元素，使得空间别具一格

左页上图： 设计师十分讲究色彩和元素的融汇贯通，淡紫色的纱帘配以流苏，窗帘的花纹花样配上绿色的壁纸，设计大胆，冲击力强

左页下左图： 沙龙的另一头，一个不对称的拱形门洞将视线引到楼梯间。这是整套公寓里唯一一个保留原有地板的房间。这个楼梯间的整体都采用了明艳强烈的装饰风格，墙面张贴着手工印刷的英伦风格壁纸，图案是大面积的热带植物

左页下右图： 为了迎合这个空间中热带风格的大环境，设计师选用麻绳灯来衬托环境中的自然气息

右页图： 淡蓝色的墙边站立着柠檬黄色的书架，大面积几何形状的高绒地毯颜色鲜艳，再加上摆放的 Mustache 椅，整套组合与其说是家具，不如说更像是艺术品

跨页图：起居室的风格现代感更加强烈，天花板上两个椭圆形彼此相切，呼应了空间里一再出现的圆形主题，同时也像一盏射灯一样观察着这里的一切

右页上图：空间内大多都选用混搭风格，材质的选择也更加多元化，利用低明度的色彩对空间进行系统分类的同时，也会留出视觉中心，不会让人产生眼花缭乱的感觉

右页下图：与门廊不同，起居室选用以蓝色作为主题色，墙上立体形态的艺术品是空间的一处亮点，元素多样但设计风格简洁，使室内整体趋向现代感

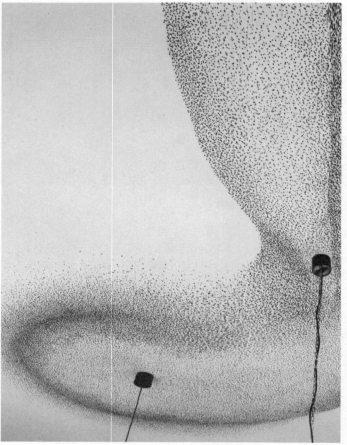

左页上左图： 手工纺织的纸纤维窗帘以抽象的方式再一次呼应了织物这一主题，同时与沉重典雅的纯棉平绒形成对比

左页上右图： 紧挨着起居室的小露台利用壁纸营造出奇幻的空间效果，造型夸张的铁艺椅加上节省空间的座椅，虽然画风各异，但却又浑然一体

左页下左图： 天花板的图案为空间赋予动感

右页图： 餐厅大多采用织物材料，例如深绿色的真丝壁纸，还有乌兹别克斯坦伊卡特布、印度真丝刺绣、老挝补花，以及非洲罗萨编织等主人在旅途中收集的织物

走廊的右手边是一间宽敞的浴室。整个空间采用桔粉色调，与石灰石地面和墙面相得益彰。大面积镜面的使用扩大了浴室的视觉空间，映射效果使浴室与其它房间之间产生联系

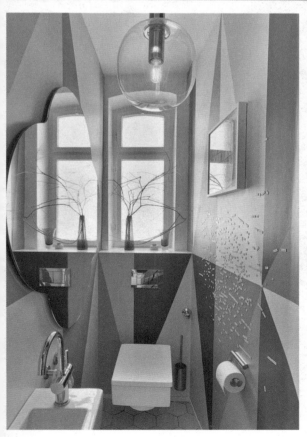

右页上图：从楼梯间到卧室，由一扇对开的大门隔开。卧室同时也是主人的藏书之所。与房间等高的书架悬挂在房间墙壁上，将视线拉进房间内

右页下左图：厨房一侧设有一间客卫。为了在有限的空间里遮挡各式管道，墙面采用多边形挡板包裹。几何形态的图案减轻了墙面的折叠效果，曲线外形的镜面中和了空间的硬度，起到扩大空间的效果

右页下右图：镜面的背后是主人的衣帽间，衣帽间内是两只巨大的白色吊柜，两块相切的椭圆形镜面，减轻了家具的视觉重量

右页图： 浴室一侧是主人的健身房，同时也可用作客房。柠檬黄的墙壁渐变过渡到天花板上，为房间注入生命力。与房间等高的壁柜提供储物空间和一张折叠客床。另外，墙上的镜面也为每日的健身运动创造了理想的条件

左页上图： 顶楼工作室的阳光充沛，连接着一个巨大的露台。从露台望出去，是旁边林荫大道的一棵棵树冠。工作间的另一侧可以俯瞰斯图加特。绿色是这里的主题，大大小小、形形色色的多肉植物充斥整个空间

左页下图： 整个空间以白色作为主体颜色，相比于其他空间，现代感较为强烈

 坐标：中国，上海

中国之家
—— 四胞胎家的跑道住宅

主设计师：刘津瑞
设计师：郭岚 冯琼
摄影师：杨鹏程
文 / 编辑：高红 刘奕然

　　"人本主义"是设计的一个核心宗旨，设计要更好地融入生活，并且服务人类，这间"四胞胎的跑道之家"就是"人本主义"理念的践行者。

　　杨春燕和于万里这对中国夫妇意外生下了仅七百五十万分之一概率的龙凤四胞胎——"东东"、"方方"、"明明"、"珠珠"。 欢喜的同时也让这个原本并不富裕的家庭捉襟见肘，生活环境也不尽人意。设计师根据空间特点为他们设置了极具特色的跑道形式过廊。

　　设计师以"整体"概念奠定了空间设计的基调：不去在意一面墙、一张床、一排柜子的位置，力求消解掉房间的分隔，以追求空间的流动和视觉的通透，同时在微小的改动中埋下多个有趣的空间伏笔。整体风格选用了时下流行的MUJI 风，简约、自然、富有质感。

　　快乐和自由是幸福童年的关键词。温柔有趣的空间不仅给孩子带来更多探索的可能，也让家人呈现出更有爱的生活状态，这本身也是设计最美好的部分。

从客厅延伸到主卧的窄柜上勾勒出羽毛球拍、乒乓球拍、滑板、时钟、
相框等图案，试图在新家中培养四胞胎良好的整理收纳习惯

左页图： 室内的跑道设计以上海黄浦江的形状为设计灵感，在满足生活必需之余，利用视线引导和尺度变化，收放之间，营造出日常生活中的趣味性和仪式感。一条贯通南北的跑道，不仅带来了穿堂的微风和漫游的步移景异，更像画龙点睛的一笔，让每个房间都有了根和方向

右页左图： 玄关处利用人的感官视觉效果，被壁龛挤压后的走道呈现出强烈的方向性，深入几步之后，垂直于视线方向的漫游跑道，强化了客厅的豁然开朗

右页右图： "金丝笼"内利用台阶来区分其他空间，使得每个部分又像隔离出来的小空间，高低起伏的弧形平台，增加趣味性的同时，又不失活泼可爱

左页三图： 走廊的壁橱设计美观实用，最大化地利用了有限空间，并希望通过一系列独特的家具设计，帮助四胞胎逐步培养起良好的生活习惯，减轻对父母的依赖

跨页图： 从女孩卧室可以一直看到整体的房间构造。整体空间通过设计师的规划构造变得井然有序，在满足生活必须之余，利用视线引导和尺度变化，收放之间营造出日常生活中的趣味性和仪式感

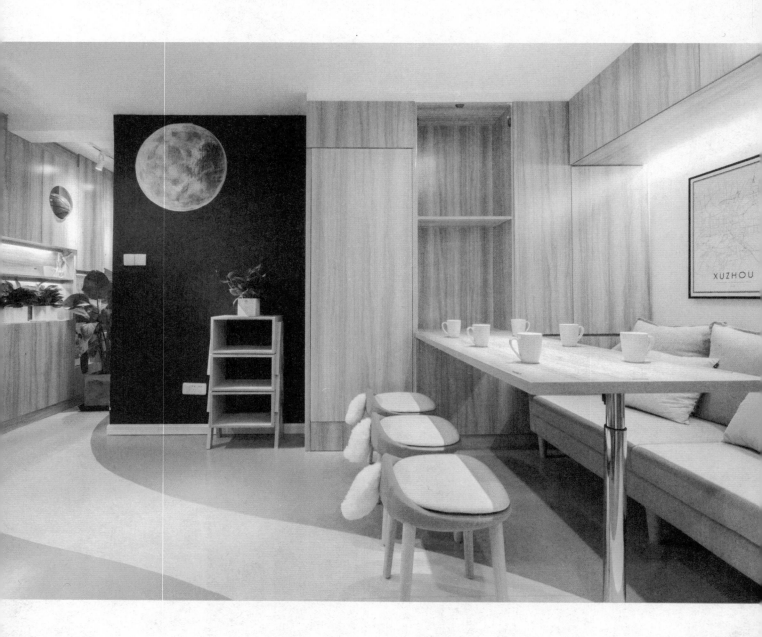

左页图：折叠式的餐桌真正实现了空间的最大化，收起后的餐桌保证了客厅作为游戏场的可能

右页下图：男孩房间利用上下分层设计，充分保证了每个人活动、睡觉、学习的空间。同时整个房间统一的淡雅风格有助于注意力的集中，房间内的灯光也是从实用角度出发

右页上图：以楼梯作为分界，两个男孩分别有自己的活动区域，避免了人多的杂乱感，同时山峦图案的墙面暗含着"书山有路勤为径"的期许

左页上图： 水平方向上睡觉、活动、学习，彼此相互独立

左页下左图： 双层推拉床和可进行位移的柜子最大限度的节省了空间，空间规划可以通过家具的调整进行改变，并且每一个房间都有一个小小的属于自己的活动空间

左页下右图： 移动立柜和折叠床解放了父母床白天对空间的占用，PVC 拉帘很好的保证了两个独立房间的隐私

设计师将房子内的所有空间都打造成了半开放式，部分区域可以充当整个空间的娱乐区，阳台与女孩房相连，开阔式的阳台为室内空间的延伸起了一定的作用

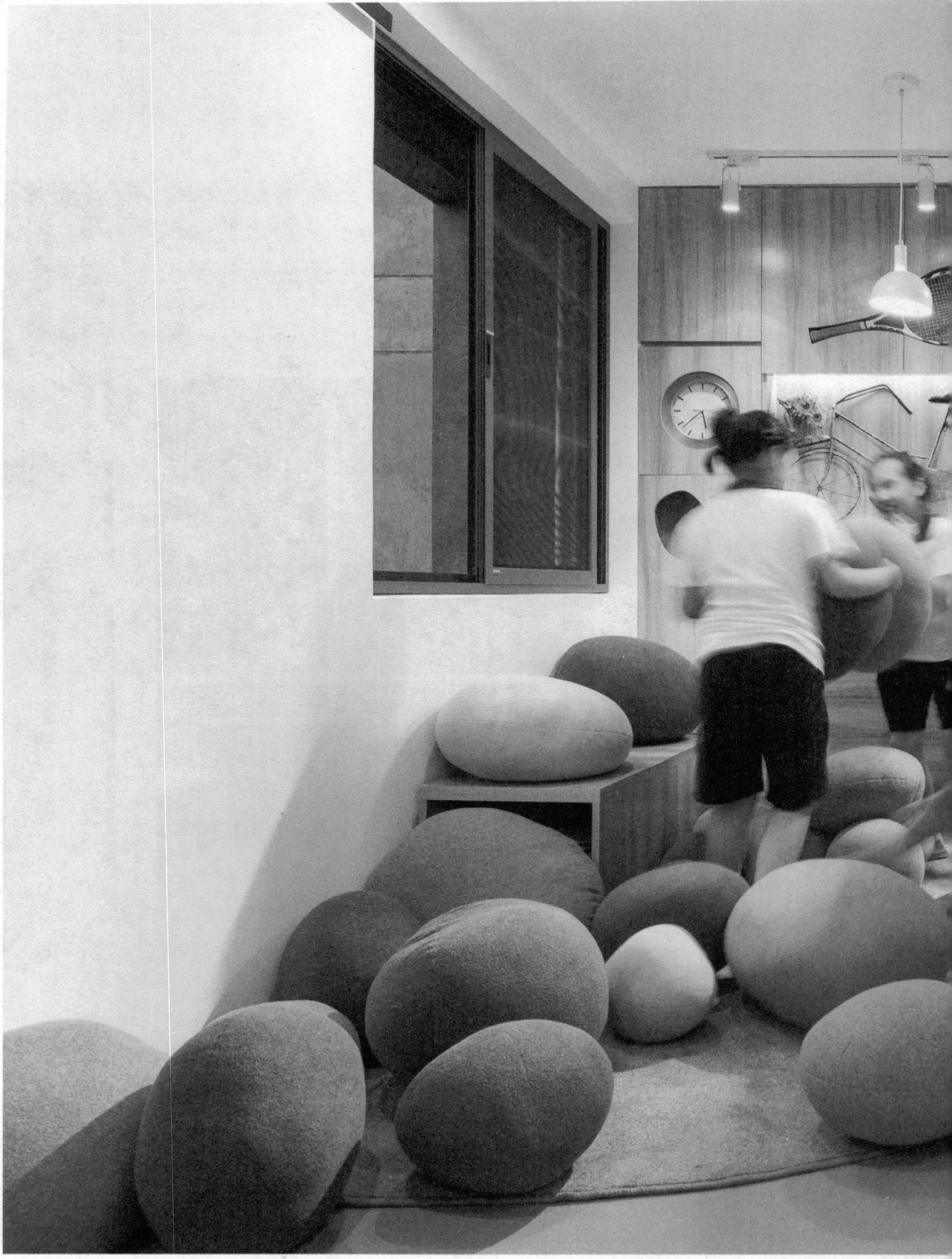

这个空间内的客厅与传统形式的客厅不同，利用不规则鹅卵石的抱枕组成的"沙发"新意十足，最适合于小朋友多的家庭。孩子们可以通过黑板墙与早出晚归的父母隔空交流，地面 PVC+ 消音地毯将活动时噪音降到最低点

左页左图： 房间墙壁上的圆洞设计也是一处亮点，有"举头望明月"的意境

左页右图： 因为现有条件的限制，不得不将睡觉、吃饭、储藏等不常用的功能压缩、折叠，甚至是隐藏，将承载着家庭大部分活动的公共空间放大、打通

右页上左图： 阳台的整体呈开放式状态，中间设有的落地纱帘与卧室分割开，铁艺的花架上放置着不同的绿植，既美观又节省空间，阳台上的麻绳小秋千让人眼前一亮，充满活力

右页上右图： 专业的防粉尘、花粉纱窗消除了开窗的顾虑，立体植物园里种着了小番茄、辣椒、草莓、薄荷、冰草、芹菜等植物，一派"童孙未解供耕织，也傍桑阴学种瓜"的恬然状态

右页下图： 通过黑灰色和简单的区域划分，设计师使时间性和可持续性协调共生

东方人含蓄的空间意趣表达

　　中国台湾是一个有着多元文化的城市，东方的主流情感表达方式在延续着。东方人的家庭观念很重，对家人、对情爱的表达深沉又内敛，对空间意趣的表达亦是如此。

　　破界、SIGMA 连著、Living in love 满爱这三个案例，完美展现了东方空间的理想，既是目标，亦是手法，也是结果……这就是东方人含蓄的空间意趣表达。

坐标：中国，台湾

破界

设计团队：CHI-TORCH 室内设计　设计师：Chlo'e Kao　刘雪莲
摄影师：Peter Dixie 洛唐建筑摄影
文 / 编辑：高红　吴雪梦

　　人们不能因为依赖归属而获得更深刻的熟悉。当我们依赖什么东西的时候，就会无法离开自然而然产生的归属感。

　　酸甜苦辣咸人生五味，组成熟悉的记忆。恍惚如同那在我们心中的某张照片，或者是我们记忆中的什么味道，它们都不能让我们摆脱发自内心那对与归属的期望。因为爱上顶楼阳台的那一片风景视野，长年居住于海外的屋主夫妻，决定买下老公寓重新改造，并把他们在国外的回忆和质感品味一并融入家中，设计师跳脱寻常格局的思维，混搭出新颖而舒适的居家风格。

　　当穿过黑色格子的门，踏进仿佛能让我们脱离时间的天空花园，立刻会被国际艺术家 Banksy 的壁画所吸引，不用离开台湾，就可以随时向他致意。视觉和空间转变，结合视觉矛盾，美丽水晶般清澈。

　　灰色与黑色相交替的格子窗口潜入内部，阴影下也好像有光泽。有时是时尚，有时是复古，有时会变冷，有时会变暖。没有一句完美的话语可以描述它的神奇，尤其是它空间的多重变化感。

　　这些空间在不同的角度看起来各不相同，但当你整体的去看他们时，你会发现他们似乎依靠着彼此表达他们没有任何种类上的区别。我们永远不会想象，黑暗意味着稳定，木材代表信息，砖块则是点缀，地毯带着细腻……这样的想法打破了分界线，但同时也彼此平衡着，保持了一种微妙的状态。

　　百叶窗使光线不明显，可以通过随意调节叶片角度来控制光线的射入和遮挡，以最适合的状态和位置存在着。延伸了视线，保持卧室的神秘隐私，像交错的记忆网，保留过去的时光和存在，梦幻而理性。

　　突然间，就好像在我们最熟悉的地方，种下了一个旅程的世界。现实和记忆破坏了某一种分界线，它们蹲在房子的角落里，令人惊讶的和睦相处了。划界不再是一种冒犯性的触觉，而是重新组织。

室内空间以纽约都会式的黑格子窗与室外区隔，将充足的阳光带进屋内，仿旧文化石的墙面在阳光照耀下，也凸显出光影的立体层次感

左页上图：墙面用美式现代风格的灰砖，和金色的麋鹿装饰物格调统一，呼应绒毛细腻的深灰地毯。色彩明亮的窗帘和沙发，让人眼前一亮

左页下图：使用开放式的空间规划，把客厅、餐厨、卧室、书房串联，让整个家变得非常宽敞，领域间以斜向的地坪划分，为空间画上利落而有个性的线条。利用百叶折门弹性区隔公私领域的隐私界限

右页上图：完美共融的美式现代风格和乡村风斜屋顶，独特的吊灯带着跳脱感，混搭在空间里调和着风格。屋顶、桌子、柜子和门的木头质感能很好地配合室内装饰，彰显业主的生活品质和地位

右页下图：走到户外，偌大的阳台区重新整理地面后，铺上木栈板种植花草，墙面绘上清爽的天蓝色，呼应了阳台外的一整片的天空色彩，无需更多的装饰，只要一个舒服的沙发，什么时候都是迷人的风景

左页上图： 卧室的摆设充满童趣，床头的挂画、床头的动物摆设、美国队长及蝙蝠侠等都显示着主人的乐趣

左页下图： 办公区的布置简约得体，屋顶被木头所包裹，外面的阳光通过落地窗照射进来，白色的纱帘更显情调

右页图： 床头的北欧风格的壁灯光线柔和，适宜营造睡眠气氛。黄色的懒人沙发符合人体工程学，舒适美观

坐标：中国，台湾

SIGMA
—— 连著

设计公司：奇拓室内装修设计有限公司
设计师：Kelly Chen Chlo'e Kao
文 / 编辑：高红 林梓琪

　　成为一家人的标志，是从感情方式的变化开始，如同爱情转化为亲情一般。由此情感的交流沟通起着至关重要的作用。也许我们无法改变这个沟通渐行渐远的时代，但我们可以改变自己的生活环境。开放的空间把家人间的感情串联起来，呼吸一样的空气，得到一个一同谈心、一起交流的所在。设计师利用旧有格局搭配不同材质，创造出了这个最有趣的空间格局。层层堆叠的矩形木皮方块，深浅不一排列着，与热情阳光辉映出风趣的表情变化，如同屋主的活泼外向。纯白洁净的色彩，呼应了木皮的温暖，简化的空间线条，呈现出材质纯粹的质感和精心设计的比例。黑色线条利落沉稳，直观带给人以冷静与理性，而温润木皮的触感与之对比且和谐统一。

　　木皮白墙和适当黑色线条的运用，丰富场域的趣味性，也放大了空间的开阔性。一句句关心的话语，害羞地悄悄跳上墙面，将家人的心紧紧连在一起。纯粹的材质元素，不复杂的空间，依然能让屋主拥有无拘无束的生活，最基本也是最重要的满足不外乎如此。家的温馨感觉被放大，木皮样式多变，简单易装，给人心理感觉安静舒适的温润感，营造温馨气氛。

　　"Σ"，不再只是个数学符号，而代表着一个家庭的总和。好比个性相异的个体，有着各自的表徵，相处起来，却又如此和谐。

跳脱出繁琐的设计，整体空间以简约纯净的基调，凸显家具的非凡独特，让物件拥有说故事的能力

白瓷制的优雅鹿角搭配短枯枝，有极强的视觉冲击效果

简约吊灯，黑色线条自然下垂，时尚而清新

空间中穿插着灰色的纸质墙饰实用大方，恰到好处，呼应着浅灰的地毯沙发和木色的储物柜和地板。米菲兔装饰物打破储物隔层方与圆的拘束，带着童趣色彩。沙发后储物柜前的书桌符合人体工程学，方便屋主闲暇时读一本好书，品一杯香茗

左页上图：儿童房布置的很温馨，黄色的床品更显温暖

左页下图：木色床头柜上简约的黑色台灯，光线柔和，方便开关。加之颜色柔和的灰墙面营造睡眠环境的同时，与整体空间基调相匹配。百叶窗冬暖夏凉，采光的同时阻挡了由上至下的外界视线，夜间给人沉静的感觉

右页上图：独特的 Z 字形移门，一面木皮，一面镜子，人性化的视觉不但隔出了换衣空间，无窗的卧室空间还可以更好的保护个人隐私

右页下图：和客厅类型相同的墙饰，通过改变颜色，改变整体风格，并且和床单颜色相照应。用床头漫威人物点缀来活跃空间

坐标：中国，台湾

Living in Love
—— 满爱

设计公司：奇拓室内装修设计有限公司
设计师：Ciro Liu Kelly Chen
文 / 编辑：高红 林梓琪

因为缘，结姻缘；因为爱，相依赖；因为心，得温馨；因为家，享幸福。

对于每一个空间而言，每一次谈论重点都是孩子喜不喜欢。够不够安全，因此设计要处处为孩子们着想。家庭是屋主的生活重心。在这个疏于沟通的数字时代，半开放的空间可以很好地满足屋主对自由的需求，并且串联起家人间的感情，得到一个能一同谈心、更好交流的所在。每天一起开心的吃晚餐，一起坐在沙发看电视讨论情节，孩子跑到妈妈爸爸的床上听睡前故事……

在彭公馆的设计中，加深的窗台可以让孩子更安全的在上方嬉戏，无把手的设计减少了孩子的碰撞，房间的色彩则是孩子们的最爱，半开放穿透的公共空间可以随时和孩子们腻在一起！

两边皆紧邻房子的旧公寓，利用加大的窗户与采光罩的透光性获得了充足的阳光；增加了窗户数量与尺度，并思考如何与后阳台形成最有利的对流条件，让空气时刻保持流通，不仅清新了空气，更让一楼不再和以往的房屋一样容易受潮，适合更长时间的居住。空间使用贴近自然的质朴材质，保留原本丰富的纹理，从感官上似是父母对孩子们的爱一般温馨绵长。那深刻木皮的斜切与堆叠，就如同父母对孩子的关心一样，一层一层、一圈一圈的围绕，不曾间断，没有停止。再加入孩子的童趣色彩与适合小孩成长使用的细节，让家充满童趣气息，亲情表露无遗。

墙壁纯白洁净的色彩，呼应出木制框架的温暖，草绿色地毯像草皮覆盖地面，鹅卵石样式的垫子与之搭配，充满自然气息。充满童趣气息的南瓜，车模等摆件和色彩纯度较高的数字储物箱，提升了空间的趣味性

屋顶利落沉稳的黑色线条，带著一丝冷静与理性，与墙壁和餐桌木皮的温润形成对比。入口的大片收纳柜，柜面采用减法的手法，不做满的设计手法，局部嵌凹洞，让空间不过于封闭，且还可做展示柜使用，与屋顶线条和黑色餐桌既对比又和谐

活泼的挂画起到画龙点睛的作用，很小的投入就能使你的墙面变得生动，美观大方，活跃空间气氛

黑色木皮茶几与屋顶的黑色线条呼应，摆放在上面的曲线摆件，线条柔软，体现感性色彩

左页上图： 卧室空间简化线条，呈现出材质纯粹的比例与质感。木皮质感的衣柜，纯粹的材质元素，不复杂的空间，让屋主享受自然舒适的生活

左页下图： 玻璃的运用，将划分卫生间干湿区域的同时，也让视野更开阔。在一定程度上方便了生活，提高生活质量。选择防水型日光壁灯，通过增强浴室的照明来弥补自然采光的不足。多边形的简单装饰物，增加卫生间的时尚感

右页图： 拉齐水平线，从入口开始的大片收纳柜，加上柜面采用水平的深刻实木皮，创造出视觉上的不断延伸的效果，从视觉上降低廊道的狭窄感。而室内的两把橙褐色转椅，呼应木制地板和外延墙壁。简单复古的灯泡设计，体现简朴自然的环境，让空间格局配置更为合宜

儿童公共空间的软装设计

　　适合儿童去的公共空间除了幼儿园，还有儿童乐园或者商场的儿童区域。偶尔，医院或牙科诊所也是不得不去的地方。

　　这里精选了 3 个公共空间的案例，想要传递的是，在当下丰富的物质材料和成型技术下，似乎"只有设计师不敢想的方案，没有做不出来的方案"。这些公共空间大胆尝试，圆了孩子们各种童话梦。

　　我们将跟着这些作品，学习如何多色不冲撞，颜色如何不刺激，学习软装配饰和装置的尺度与搭配。

坐标：中国，上海

奈尔宝儿童游乐园

总设计：李想
辅助设计：任丽娇　刘欢　Justin CHEW　范晨
设计公司：唯想国际
原创家具：XIANGCASA
摄影师：邵峰
文/编辑：高红　吴雪梦

　　奈尔宝儿童游乐园位于上海市闵行区，分为图书区、餐厅区、模拟城、攀爬游乐区、派对教室区五个主要功能区。由主入口进入，首先看到的是一片高低错落的小树林以及起伏的山丘，这些山丘、小树林组成了图书区的书架和孩子们躲猫猫钻洞的最佳场所，每个树洞都可以自由出入，自成一片小天地。设计师用小树林和山丘营造出一个轻松自由的读书环境，让小孩子有亲近自然的机会。临近小树林沿窗的位置，也为家长设计了休闲的读书环境。

　　由海洋池楼梯上楼便进入了模拟城区，这是一个微缩的城市景观，有马路、斑马线、路灯、停车场等。中间一栋三层的小房子被分成左右两边，里面有一个个迷你的场所，邮局、加油站、迷你超市、小医院等，还有孩子们最喜欢的过家家场景，如厨房、梳妆、为小宝宝换尿布等等。小朋友们可以在微缩的小城市里尽情享受扮演大小的感觉。爸爸妈妈可以在对面的休息平台上照看自己的宝宝愉快地玩耍。

　　从模拟城经过一条长长的时空隧道，就到了大一点的小朋友喜欢的地方，各种各样的滑梯、攀爬架，占满了整层楼，像一个巨大的迷宫。最瞩目的是一条 S 形的滑梯，可以直接从二楼滑到一楼的餐厅区。在畅玩一圈之后，爸爸妈妈们可以带着小朋友来餐厅享受美味佳肴。餐厅区设计了很多热气球似的悬挂游戏盒子，透明的爬道将其串联起来，小朋友们可以在里面爬来爬去，嬉戏玩闹。在这些盒子的周围是用餐的位置，家长们在用餐的同时，也可以照看到自己的小宝宝。餐厅区还准备了两个 VIP 的房间，可以供想要有私密空间的家庭来享用。

　　在乐园的地下室还有供小朋友开 party 的房间，有不同的主题：印第安风情、沙漠风情、地中海风情。小朋友们可以在自己喜欢的房间里举办生日 party。party 房间里还有特别的 King&Queen 椅子，那是主角的身份体现。奈尔宝带你进入一个现实的童话世界！

用木材做出路灯和树木的样子点缀墙角，起到过渡空间、装饰的作用，同时小巧的造型使蓝色建筑物呈现挺拔、高大的视觉效果

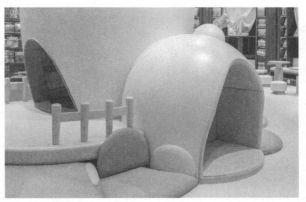

右页上图：图书馆波浪形的书柜设计充满童趣，在阅读图书时很自由。下方"蘑菇"造型的空间供孩子休息阅读。木材源于大自然，安全、踏实

右页中图：造型使用半圆的弧形设计，看不见尖角、锐角，对小孩是无形的保护；线条柔和，能够抗压，增加视觉空间美观

右页下图：白色灯光使空间明亮，便于阅读、动物椅背的设计提高孩子的兴趣，同时消解空间紧张感；几何地面的铺装充满规则感，蓝黄搭配的反差活跃孩子思维

跨页图：儿童往往是通过色彩、形状、声音等感官的刺激来感知世界，图书城采用粉色作为主色调，让孩子在阅读时放松下来。粉色是一个非常有活力、快乐的色系，在其中阅读会感到轻松、平衡，更敏锐地发现细微感情

弧线形书架构造出森林的效果，随处可见坐垫和树洞，丰富了空间层次，同时与图书形成呼应，提升空间品味

麻布沙发型的围合具有良好的导热性能，质感紧密而不失柔和，具有一种古朴自然的气质，柔软舒适

右页上图： 糖果色动物立柜满足储物功能的同时，童趣感十足，地面与墙体构造出简洁

右页下图： 考虑到儿童的身高年龄，在楼梯墙面下端设置软材料包装，以避免磕碰，丰富的色彩又时刻激发孩子们的脑洞

左页上图： 空间设计有迷宫的感觉，孩子仿佛走进森林中，既可以探险，又可以三三两两围坐在一起讨论学习，米黄色营造出轻松明亮之感

左页下左图： 空间采用蓝色装饰，蓝色代表浪漫和联想，激发孩子的想象力。同时空间内部设有书架，随时拿取，方便快捷

左页下右图： 山丘形状的阅读空间满足孩子探索的欲望，同时自成一个私密安静的小天地，在这里孩子可以随意阅读。顶部的灯光采用多种照射方式，使每个角落都能清晰阅读

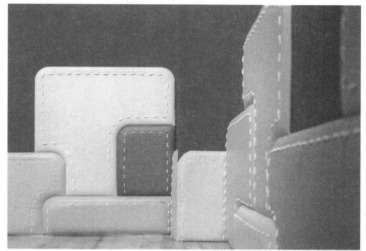

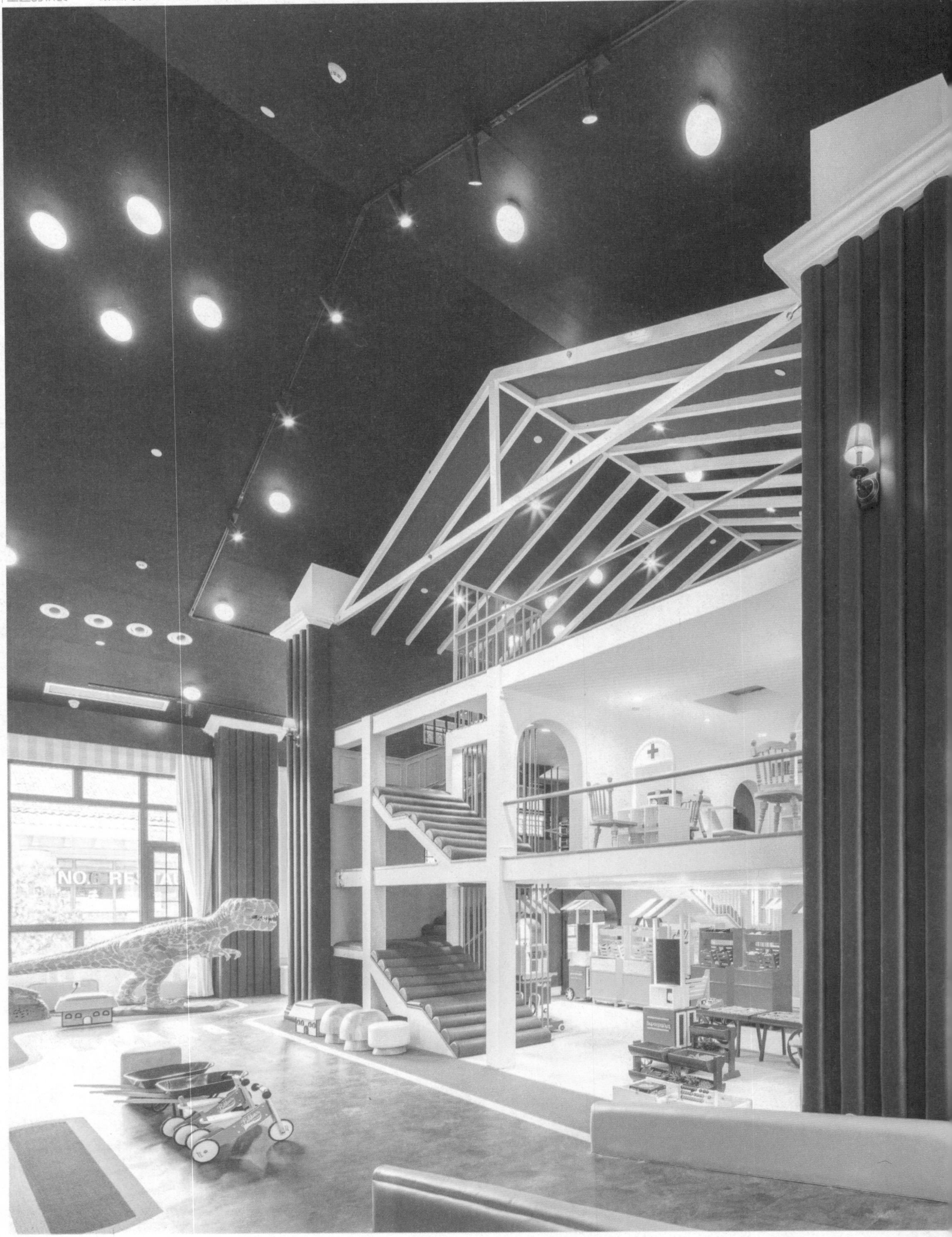

跨页图： 三层空间内分成若干小区域，有医院、消防局等等，模拟大人的世界，启发孩子的心智

右页图： 休息区以青金石蓝为主色调，珊瑚红的沙发置于其中，简单舒适。框景是墙面的视觉中心，丰富空间层次

左页上图：厕所设计充满童话色彩，马赛克式的墙面、拱形的镜面与门，彼此呼应，拉伸空间。洗手台有着人性化思考，不同阶段的孩子在不同高度洗手

左页下两图：巧妙运用青蛙王子与公主的造型装饰，昭示性别区分

右页上图：窗户采用对比色来活跃墙体，拱形门起到拉伸空间的作用，从中可以窥到城市内部

右页下三图：窗框设计别具一格，大窗套小窗，吸引人的注意力，建筑本身的欧式风格，构图更是新颖独特

右页两图：负一层的 party 区同样使用粉色、蓝色的低纯度刷漆，墙面有沙漠绿植做装饰。地面与墙面相统一，使空间整体洁净

左页图：玩水区使用明亮的黄色瓷砖做局部设计，冲击视觉神经，从而激发儿童的跳跃性思维。简单的白炽灯加一个暖色灯罩的吊灯组合，丰富了空间视觉

跨页图: 烘焙区采用不同明度与纯度的蓝色设计。造型简洁的桌椅、储物柜给人整齐、便捷的视觉感官。原木色的凳子和地面形成空间区域感

右页两图: 墙面与"任天堂"游戏中的方块相似,使其拥有层次感和趣味性

墙上的美式霓虹灯就是本空间的最大亮点，整体看起来有些像新流行的荒诞艺术，墙上那面无规律扭曲的长条镜将气氛烘托得更加奇异，并且画面感极强，犹如一场后现代主义的艺术展

左页上图：模拟城的最深处还有一个小女孩们最爱的地方——公主装扮区。在这里，小朋友可以装扮成各种各样的公主，然后拍下美美的照片。妈妈们则可以在一旁边做美甲边等待孩子们

左页下图：棚顶与海洋球色调统一，构造出一个空间，几何图形丰富了墙面变化

右页上图：设计师将咖啡厅装饰的更像是一场收藏展览，把木色的桌子和皮椅相结合，旁边的绿色窗框也是一款复古文艺装饰，别致又有趣

右页下三图：温和的晴朗绿墙壁、波斯菊棚顶给人的感觉是温暖、踏实，可以安抚人的情绪，拉近彼此之间的距离，便于小朋友间的交流。镂空城堡式框架作为一个元素贯穿整个设计，代替墙体，轻灵不显笨重的同时，划分了空间

坐标：法国，阿尔萨斯省

法国布尔幼儿园

设计师：Dominique Coulon associés
摄影：Eugeni Pons David Romero-Uzeda
文/编辑：高红 代胜棋

　　法国布尔幼儿园位于法国东北部阿尔萨斯省高低起伏的山谷之中，正处一个小村庄的入口处。幼儿园的外围筑有一层围墙，墙壁上那些大小不一的圆孔，配合褪色式的墙体色泽，个性感十足。它似久经战场的骑士，守卫着幼儿园，保护着这里孩子们。这种特性与附近的一座 14 世纪古城堡相得益彰。这样的空间规划提供了孚日山脉的圆形轮廓的视角，同时还将风景框进建筑，在建筑和野外之间勾勒出清晰的界线，让幼儿园的各个部分看起来更宽广自在。

　　建筑的核心由一个中心空间组成，高度是其他建筑的两倍，自然地散发光芒，像万花筒似的。这个几立方米的体积凝聚了一系列从粉红色到红色的颜色。哑光和明亮的颜色共振，把空间塑造的更丰富、更美妙。

在幼儿园的不远处有一个有趣的景观，可以看到不远的山坡上一座小城堡，孩子们可以去学习历史和
参观，那是从 14 世纪遗留到现在的见证历史的古建筑

右页上图：不同的室内空间相互组合，丰满立体，形成一个特别的矩形平面。各种透明的隔断设计，让幼儿园的内部空间显得更加立体。利用天窗，幼儿园巧妙地将大量的自然光引入其中，贯穿到室内的每一个空间当中

右页下图：沿着托儿所的边界筑有一圈围墙，上面大小不一的圆孔让这有点褪色的墙面又增添了自己的风格，它就好似城堡的高墙一般，保护着幼儿园，守候着在游乐场上玩耍的孩子们

左页图：严格矩形图则是一个包含项目要素的连续安排，这些层次为项目提供了全面的深度。建筑的中心是由一个中心空间形成的，为建筑高度的两倍，像万花筒一样自然地发出光

跨页图：可爱的木艺桌椅形状不一，桌子分为长方形和圆形，空间主要的色彩为粉红色，窗户上都是星星点点的粉色小花，更显温馨可爱

左页图：幼儿园内部共设置了三个活动区域和三间卧室，同样也是采光充足，非常明亮。建筑师在不同楼层之间安装了不同样式的透明隔断，丰富了建筑内部空间的层次感。自然光线透过天窗照亮了整个内部，贯穿于建筑的始终

坐标：中国，天津

一个温暖的儿童牙科诊所

设计师：刘恺
设计公司：RIGI 睿集设计
摄影师：边焕民
文 / 编辑：高红 刘奕然

诊所从来都不是一个能够让人感到放松或是自在的地方，选择去诊所的人大多都会承受着一定的生理和心理的双重压力。冰冷的挂号台，令人焦虑的等候椅，不安的诊室门，充斥着医患双方的不信任感。更不用说是齿科的诊室，冰冷器械和牙科医生的电钻，那是无数小朋友的童年噩梦。

设计师在打造"温暖的诊所"时就想要利用设计让所有人尽可能地感受到温暖和关怀。在与业主讨论过后，从而建立了这样一个打破传统格局的新空间，还原了生活中本该有的温暖、友好、开放、沟通及笑容。

整个空间分为四个模块，设计师利用这四个模块对空间进行

功能划分的同时，也传递着不一样的设计理念。这四个模块组成了该齿科品牌的空间基因，让冰冷的医疗功能空间转化成传递温暖与关怀的生活终端。

一改传统诊所乏味和单调的室内装饰，"温暖的诊所"内大量运用柔和、可爱、能够放松人们情绪的颜色，并且装饰布置也是处处从轻松平和的角度入手。无论是室内刻意营造的生活化场景，还是设计师别出心裁打造的儿童体验区，都向进入这个空间的人传达一种和气之感，缓解病患的紧张和焦虑。

生活本该更好，因为温暖。

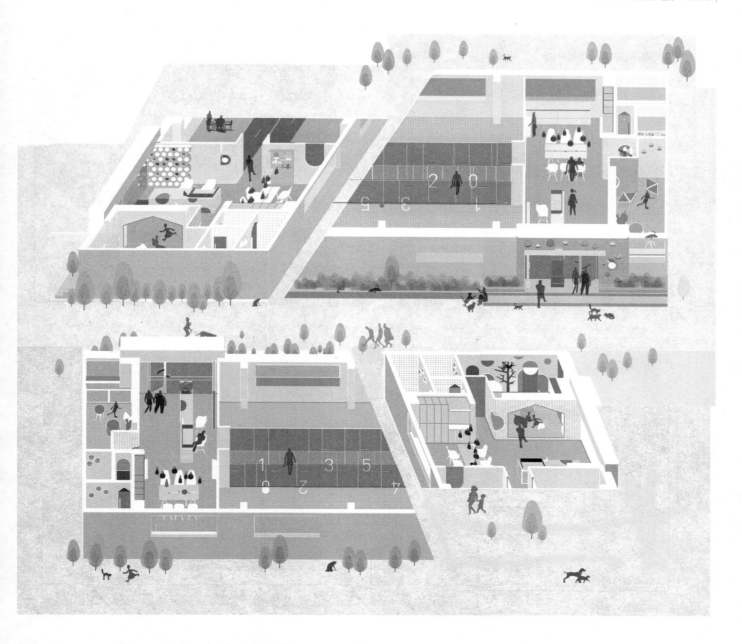

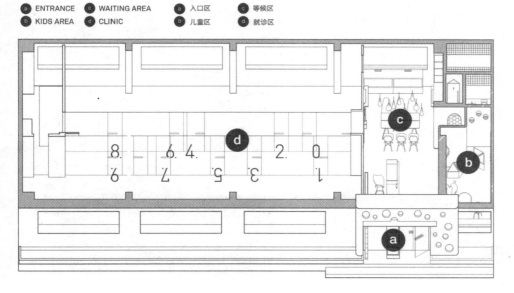

a ENTRANCE	c WAITING AREA	a 入口区	c 等候区
b KIDS AREA	d CLINIC	b 儿童区	d 就诊区

右页上图： 整体效果图
右页下图： 平面规划图

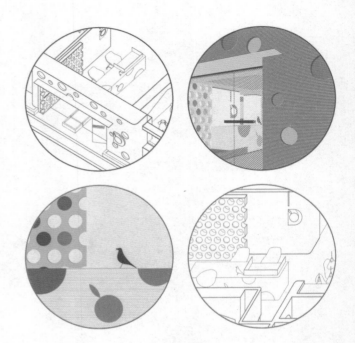

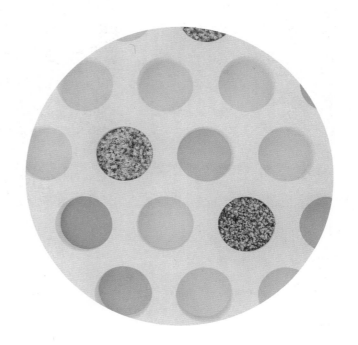

右页两图： 几何圆形也尤为重要，圆形作为基础元素混合于整个空间，室内门口用植物元素来调节内外界限，前台上所放置的蓝色知更鸟更是娇小可爱
左页上图： 入口区概念图
左页下图： 空间基于轻松温暖的主题进行设计，所以在前台处尽量传达出平等的态度，至少从入口开始，这就是一个友好的空间，一个温暖的诊室

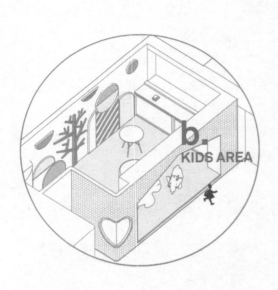

左页上图：儿童区概念图

左页下图：儿童区作为"空间内的空间"，屋子里所有的设施都较小，图案、颜色、摆设全都更加卡通、可爱，突出了儿童区的特点

右页上图："空间内的空间"中还有一块可供涂鸦的黑板，空间永远不是孤立存在，人的行为在空间中的情绪和角色需求，就是设计师一直希望探寻的

右页下图："儿童体验区"旨在向人们传达成人对孩子的关爱，营造了一种相互信任的空间氛围

右页上左图：餐桌式的座椅摆放，面对面而坐的人们，或者沟通，或者安静等待，至少这是个平等且随机的过程

右页上右图：等待区有各种充满生活气息的元素和小摆件，壁橱中暗藏的小小茶水间更是充满了惊喜，小小的绿植有趣又平添自然的气息

右页下左图：等待区的左手边橙色透明区域为医院的中央供给室，所有的医疗器械纱布等都在这里集中消毒，开放的设计也传递了诊所公开透明的理念

右页下右图：空间以白色和木色为主，偶尔的一点亮色那是最美好的点缀

左页上图：等候区概念图

左页下图：一改传统医院的等待区形式，这种充满家庭气息摆设的等待室，能有效地缓解患者的紧张和焦虑情绪，生活场景化的设计，进一步传递了诊所温暖的主题

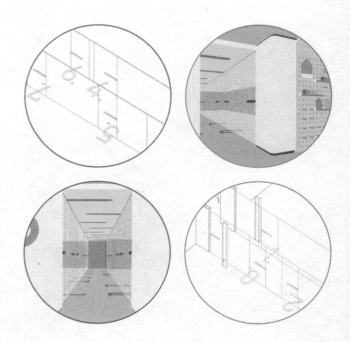

左页上图： 就诊区概念图

左页下图： 齿科的品牌 logo 形象为橙子，所以设计师将圆形作为基础元素贯穿整个设计当中，材料与选择性色彩的搭配在感官上传递出温暖的质感

右页图： 设计师将所有的标识取消，在走道玻璃设计上做了阅读尺寸的字体标识，别出心裁又美观。整个空间大量使用玻璃来作为空间隔断，体现出整个诊室的透明和安全。尽量打消患者的紧张和焦虑是整个诊区设计的核心观念

软装教程
COURSE

　　花是美的象征，是世界共同的语言，也是人类在大自然中最早最经常接触的对象之一，它是人类的无间伴侣，所以集众花之美而创作的插花、花艺作品自然也是人类生活中几乎不可缺少的一部分。四五千年来，它一直是伴随着人类文明生活同步走来，从早期以此供奉祖先、社稷和神祇，到以花传情、表达祝贺思念祝福、馈赠之礼，成为人类社交活动最美好的表现形式。

花间故事
色彩教程

花间故事

　　提起童趣主题的插花作品，你是不是一下子就想到了爱丽丝梦游仙境里的场景？今天便给大家做一个小兔花篮。当然，小兔花篮不是随便哪个花篮里放只兔子那么简单！

　　每朵花都有自己的气质和个性，挑选一些童真、俏皮、可爱的花朵们，比如那名为"闪耀"、"香槟"的花材，怎能少了"狂欢泡泡"？可爱的的小雏菊、大丽菊、洋牡丹，再加一把萌到家的小辣椒！

　　"好花还需绿叶衬"，选好花材之后，便可以开始挑选叶材了。叶材有雪果、芦苇、叶上黄金，还有满满都是爱的尤加利叶，据说在这个叶子下站立的人不能拒绝亲吻。

　　把这些萌花萌叶全部收入花篮，最后再挤进去一只兔子。这只小兔子，可不能拒绝别人的亲吻哦！

小兔花篮

文 / 编辑：郑亚男

材料：

　　叶材（从左往右）：

　　小雏菊、进口尤加利细叶、雪果、桔叶、芦苇、叶上黄金

　　花材（从左往右）：

　　闪耀，香槟、狂欢泡泡、大丽菊、洋牡丹、辣椒

前期准备：

　　花篮、剪刀、花泥、丝带、小兔子玩偶

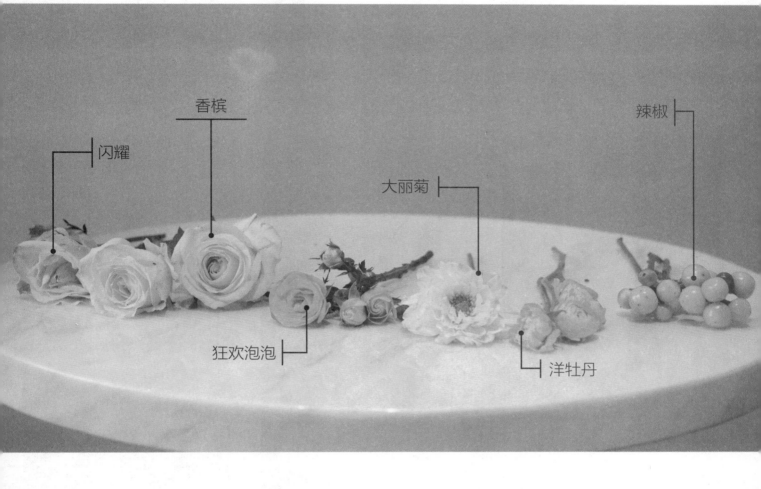

香槟

闪耀

辣椒

大丽菊

狂欢泡泡

洋牡丹

制作方法：

1. 根据花篮的大小切去花泥的边角，尺寸正好地放入花篮内部；

2. 将小兔子定位在花篮前方，靠左靠右都可以，后面拿一枝花杆固定，让倚靠在花杆上。如果一根杆太细，可以放两根杆；

3. 在花泥内部，小心地插入发散性形状的叶上黄金，零散地不要集中在一处，让叶子们呈现自然的状态；

4. 在空隙处插入橘叶、尤加利细叶，注意插入花泥里面的部分不要有叶子；

5. 与小兔子对称的地方插入焦点花材——大丽菊；

6. 高低不平地插入闪耀玫瑰和香槟玫瑰，每只花的朝向可以不相同；

7. 在花篮整体空缺处加入可爱的黄色辣椒，成为花篮的点睛之笔；

8. 最后加入细长的雪果、洋牡丹，使其位于其他花之上，使整个作品更加灵动活泼。

色彩教程

粉红是一种颜色，浅红色为红与白混合而成的颜色，别称妃色、杨妃色、湘妃色、妃红色。

粉色是运用很广的一种颜色，但也是在设计中最难驾驭的颜色之一。在这里，我们详细地列举了多个粉色运用的空间案例，讲解如何轻松地运用这个颜色。

色彩轻松搭
——粉色的运用

文 / 编辑：高红　刘奕然　白鸽

配色关键字：

甜美

本空间色彩组合：粉色、白色、木色、蓝色

每个女孩都幻想着拥有自己的童话城堡，这一方小天地实现了她们的梦想。整个房间以柔和的淡粉色奠定了甜美、温馨的基调。独具特色的白色圆形波点壁纸设计为整个环境增添了一丝俏皮与灵动。色彩搭配中选取少量的白色、蓝色、木色作为对比色，与主色调相区分，使视线聚焦。心形装饰画、垂落式吊灯凸显浪漫的女性色彩，有画龙点睛之效。

| R: 208 G:87 B:107 | R: 244 G:121 B:131 | R: 255 G:251 B:240 | R: 216 G:163 B:115 | R: 131 G:204 B:210 |

淡雅的马卡龙配色常常给人清爽、甜美之感。这个可以用作小憩、学习、放空的小角落，完美实现了客户纯真公主梦的愿望。房间整体延续甜美温馨公主风，实木地板使空间不再单调，给予空间原生的质朴感。从桌椅到床具吊灯风格统一，设计师为室内添加了一抹亮眼的柠檬黄，清新甜美，突出了房间灵动可爱的设计主题。

配色关键字：

透明

本空间色彩组合：淡粉、白色、柠檬黄、原木色

| R: 212 G:172 B:173 | R: 214 G:144 B:144 | R: 196 G:163 B:161 | R: 243 G:243 B:243 | R: 111 G:75 B:62 |

配色关键字：

跳跃

本空间色彩组合：粉色、白色、黄色、绿色

明媚色彩的交织碰撞是这一空间的设计主题，简约而不失单调，小小的阁楼经过装点之后，散发出孩童般天真浪漫色彩。根据孩子们身高量身定做的置物架由不同规格的格子拼接而成，经过粉色、黄色、绿色、蓝色隔板的点缀，愈显得俏皮可爱。明媚的光线透过屋顶高窗，散落在实木地板上，侧向的巨大镜子将空间扩大，孩子们在这方安静的天地里可以尽情挥洒他们的想象力，小小空间也拥有无限可能。

R:158
G:208
B:72

R:255
G:219
B:79

R:246
G:191
B:188

R:160
G:216
B:239

柔和的粉色占据了绝大多数的空间，地面墙面乃至家具摆设都是由一个颜色贯穿始终，这样的大面积色调轻易地让人产生一种超现实的感官效果。设计师用材质对空间内进行大致地区分，没有过多的装饰摆设，家具的整体摆放也非常具有节奏感。整体沿袭了 ins 风格的流行元素，光线作为室内环境的唯一调节元素，天花板上的米白色无限循环造型的顶灯也同样带给人一种"梦幻空间"的视觉效果。

R:250
G:201
B:197

R:255
G:230
B:140

R:239
G:214
B:210

R:191
G:110
B:107

配色关键字：

热烈

本空间色彩组合：桃红、海蓝、红褐、淡黄、白色

强烈、明艳、大胆是整个空间的设计主题，桃红色是整个环境的视觉亮点。其中空间隔断板集美感与实用于一身，利用荷兰风格派的相近平面结构和配色加上桃红色作为主体，并且与复古木柜的颜色相呼应，大胆对比色的运用使整个起居空间充满热情。搭配简约稳重的红褐色地面和家具，让整体环境变得更加沉稳，更加能够凸显鲜艳颜色所带给空间的活力和生命。

R:255
G:132
B:189

R:0
G:64
B:126

R:181
G:36
B:95

R:35
G:24
B:22

整个空间的设计风格以现代北欧风为主，视觉中心的主导是色彩。设计师采用原木色、深褐色等中性色作为协调和过渡，有规律的几何地毯和墙壁装饰都为环境中的灵动感所助力，同时也取得了视线的转变。在这里，粉色占据了相当一部分面积的同时，根据合理的空间及材质搭配营造出了自然的高级感，复古的室内装饰也为空间增加了民族气息。

配色关键字：

自然

本空间色彩组合：淡粉、蛋壳白、深褐、原木、黑色

R:242
G:201
B:172

R:199
G:153
B:138

R:86
G:132
B:155

R:114
G:71
B:39

配色关键字：

时尚

本空间色彩组合： 玫红、粉红、
宝蓝、米色、白色

整个空间的设计风格以现代北欧风为主，视觉中心的主导是色彩。设计师选用饱和度较低的粉色及蓝色进行对比碰撞，与居室空间碰撞出新的火花。经过对室内颜色纯度的调整，空间整体被衬托得层次分明，搭配空间内精细考究的物品材质，让人在身体和精神上都达到全方位的放松。中间整体利用流行配色和现代化的家具，呈现出了一个时尚、简约的感觉。

| R:242 G:160 B:161 | R:253 G:239 B:242 | R:83 G:107 B:151 | R:199 G:28 B:62 | R:149 G:124 B:104 |

光线是这个环境的重点，明艳强烈的玫红色在暖黄色强光的映照下，产生出了神秘的气氛。粉色经过灯光的渲染催化出不可忽视的暖意，宝蓝的天鹅绒座椅调节了环境产生的视觉疲劳感。当所有暖色包围着空间立柱和台阶，就如同被一位绅士的爱笼罩，神秘且优雅。悬挂的和服更是给予空间活力与神秘，爱在这得到最好的延续。

配色关键字：

明艳

本空间色彩组合：玫粉、白色、原木、宝蓝

| R:198 G:26 B:30 | R:210 G:138 B:30 | R:252 G:218 B:168 | R:223 G:100 B:41 | R:223 G:200 B:194 |

配色关键字：

纯真

本空间色彩组合：淡粉、蛋壳白、原木、海蓝、紫色

空间的主色调以柔和的浅色为主，浅粉色与纯白色搭配营造了女孩卧室温馨、浪漫的氛围。甜美颜色的碰撞使人紧张的心情得到放松，墙壁上充满童趣的装饰画以及米白色地毯上的温暖绒毛，为整个空间注入温暖与恬静。海蓝色的搭配是整个空间的亮点，抱枕和墙上的装饰画达到了互相呼应。在保持整体甜美浪漫的氛围的同时，也注入了活泼与灵动，体现着创新精神，可谓一举两得。

R:211
G:209
B:171

R:208
G:158
B:123

R:17
G:103
B:154

R:218
G:203
B:160

布偶在小女生心中的地位是不可低估的，在更多小朋友的心中或许布偶就是她的第一个朋友。女生对淡粉色都有一种天然的亲近感，房间主色调以低纯度的白、粉为主，蓝色是整个空间的点睛之笔，使得空间不再单调，并由鹅黄色背景墙结合，柔和灯光点亮整个空间。

配色关键字：

清新

本空间色彩组合： 淡粉、蛋壳白、海蓝

R:211
G:209
B:171

R:208
G:158
B:123

R:17
G:11
B:0

R:204
G:168
B:146

编辑推荐
RECOMMEND

妙趣挡不住的"小产品"
指导幼儿园设计的"红宝书"
奇居良品家居体验馆

妙趣挡不住的 "小产品"

这些小产品，不只是心理上童趣的回归，更是人格上童趣的回归。

帽子台灯—— Cap

生产公司：Normann Copenhagen
设计师：KaschKasch
文 / 编辑：高红 李响

　　帽子灯是一款带有光线调节功能的台灯，由德国设计师 KaschKasch 设计完成。他们的灵感来自于一只头上戴着鸡蛋壳的小鸡，名字叫作 Calimero 的卡通人物。就是这个蛋壳给了他们很大的灵感，从而设计了半圆形的灯罩，圆形的形状与规则的几何体之间形成了良好的平衡及衬托。

　　尽管帽子灯的造型很简单，近似一个雕塑，但是灯罩的设计却充满了个性。光线的投影是可以通过旋转灯罩进行调节的，使帽子灯的光线可以直接控制（头部的圆形灯罩可以旋转，来调节光线照射的角度）。这一设计可以使灯光满足多种不同的需求。"我们立即爱上了这样现代的造型，多样的功能性及简约大气的设计，这些元素塑造了 Normann Copenhagen 的产品，"Poul Madsen 说。

　　帽子灯有多种时尚的颜色，可以在沉稳风格的房间中充当一个引人注意的装饰品。灰调的浅青色、女士腮红以及经典的白色，颜色更深的深夜蓝相比传统的黑色，更给人耳目一新的感觉。

颜色：白色、淡红色、影青色、暗深蓝
材质：钢质
尺寸：50cm x 28cm

颜色：灰色、橡木色
尺寸：23cm x 19cm x 10cm

鸭子
—— A duck for life

生产公司：Normann Copenhagen
设计师：Dor Carmon
文 / 编辑：高红 李响

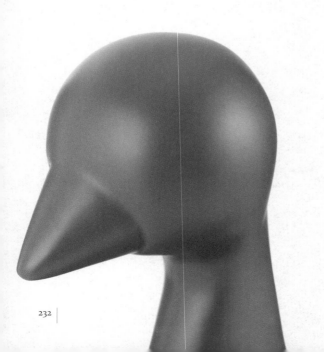

　　Ducky 鸭子是一个充满了怀旧与个性的简单又经典的木制形象。这只木鸭子是由以色列设计师多尔·卡蒙设计的。作为一款经久不衰的设计产品，为家庭带来了诙谐的趣味享受。

　　受传统木制玩具的启发，多尔·卡蒙在女儿出生后创造了木鸭子。当他设计出木鸭子之后，开始意识到这个系列的潜力，并对其线条及比例进行调整。Ducky 的设计摒弃了繁冗的细节，整体比例协调、线条流畅，前面巨大的轮子打破平衡感，增加了鸭子的表现张力。

Ducky 是用坚固的材料制成的，有灰色及橡木色两种颜色，整体轮廓干净简洁，线条流畅，它是一种可以根据家中周围环境来改变形象的装饰品。无论是放在卧室，还是放在客厅，鸭子都会融入环境中，夺人眼球活跃空间气氛。

材质：陶瓷
尺寸：7cm x 11cm

老友记
—— Friends

生产公司：Normann Copenhagen
设计师：Troels Øder Hansen HuskMitNavn
文 / 编辑：高红 李响

丹麦建筑设计师 Troels Øder Hansen 和 HuskMitNavn 共同设计了产品 "Friends" 。戈登与安德烈亚斯这对儿用来装盐和胡椒的调味瓶，属于《老友记》系列，表达出一种个性又幽默的态度。"bøsse" 的设计在丹麦具有双重意义，用一件皮背心来区分盐和胡椒瓶。

这一次，设计组合超越产品平淡无奇的功能叙事，而创造出一种故事性的诉说方式。作为经常使用的日常物品，老友记盐和胡椒瓶的友善、趣味，十分吸引人。

两位设计师解释：老友记系列的设计本着轻松有趣的原则，盐和胡椒兄弟俩很好地体现了这个设计原则，它们向人们说明，日常用品也可以不单调。

鲸鱼
—— A Happy Whale Coffee

生产公司: Normann Copenhagen
设计师: Jonas Wagell
文 / 编辑: 高红 李响

这一次设计师 Jonas Wagell 为 Norman Copenhagen 带来了一个简单却又极富表现力的设计。快乐鲸作为一个幽默的家具元素，为简洁的室内空间带来了独树一帜的个性和特征。

Jonas Wagell 用精致的比例、柔软的线条、完美的细节，创造出这个极具魅力的美学设计产品。快乐鲸通过不断的细节调整，逐渐完善才呈现出现在的样子。对于 Jonas Wagell 来说，这样的设计过程让人很享受："将一个简单的木头变成一个富有情感的物体是一件很有趣的事情，也带来了极大的快乐。"

快乐鲸不仅带给人们喜悦和微笑，也给整个家庭空间带来生命力和温暖。它可以在床头柜上、在走廊的置物架上或者与花瓶或其他装饰品搭配使用。无论你选择把快乐鲸放在哪里，它的欢快表情都可以紧紧锁住你的目光。

快乐鲸有经典的黑色、白色，也有迷人的深蓝色。

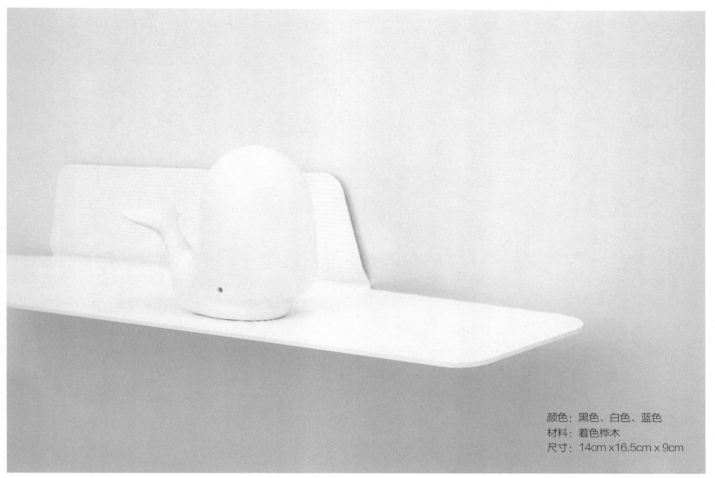

颜色：黑色、白色、蓝色
材料：着色桦木
尺寸：14cm x16.5cm x 9cm

小鸟
——ICHINISAN

生产公司：Normann Copenhagen
设计师：Beaverhausen
文 / 编辑：高红 李响

三只胖胖的小鸟构成新颖的组合，让人情不自禁的露出笑容。深色的木头和一丝不苟的设计，造就了这独一无二的十分可爱的三件套。

"当我们进行设计的时候，我们经常会缩小创作的空间，因为这经常会让我们想出一个与以往不同的绝妙的思路。这次的创作，我们要为每只鸟使用六根棍子，结果尾巴就被这 1、2、3 根棍子制作出来了，3 根棍子成为了这三件套的共同特征。"比弗豪森解释道。

因此每只鸟之间的高度相差 3 厘米，它们用日语中代表着 1、2、3 的 Ichi、ni、san 来命名；这个三件套由一只企鹅、一只鹦鹉和一只知更鸟组成。企鹅是三件套中最高的，不对称的翅膀和小小的眼睛以及细长的身体构成了他独特的外表。鹦鹉的大嘴巴和笨拙身材十分抢眼。具有平静外表的异国鸟是这个小团体的萌哒哒代表。比他旁边的鹦鹉朋友更爱的是 san 罗宾，满脸都是古灵精怪的写照。

Ichinisan 可以并排放置或者堆叠在一起，就像一个活泼的图腾柱子。

材料：染色琴木
尺寸：
Ichi: 高 15cm x 宽 6.7cm
Ni: 高 12cm x 宽 8.8cm
San: 高 9cm x 宽 10.7cm

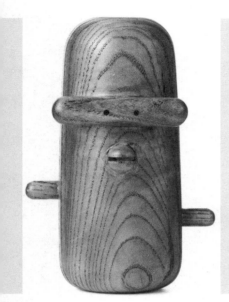

Ichi

Ni

San

小人
——Normies

生产公司：Normann Copenhagen
设计师：Simonlegald
文 / 编辑：高红 李响

　　Normies 是一个来自想像世界的家族，它们是介于抽象和具象之间的装饰性的形象。这些小生物并非某个具体的物种，但有一件事是肯定的：它们被赋予了人格与幽默感。

　　这个小家庭在一次黏土设计实验中偶然地诞生，最初以有机的形态出现，逐渐衍生为五个不同的人物：Normfred、Normus、NormNorm、Norma 以及 Norm。手工模型随后被放入 3D 扫描仪中绘制成图，最终以混凝土铸造成型。

　　每个 Normies 都有自己的颜色和严格的图案。装饰性的直线与有机的轮廓形成对比和抗衡，在形态上产生了讨人喜欢的矛盾感觉。特别是它们的眼睛，为每个 Normies 小人赋予了个性和生命。它们每个富有表现力的神情都反映出一种神秘的人类情感。

　　五个 Normies 小人的高度从 5 厘米至 10 厘米不等，有着如下颜色：深绿、玫瑰、紫色、锈色及蓝色。将其中一个小人放置在床头柜上作为玩伴，或让整个 Normies 家族聚集在书架上——他们将成为家中有趣而惬意的存在。

颜色及尺寸：
Norma，枚红色，7cm
NormNorm，紫色，9cm
Normus，铁锈色，10cm
Normfred，蓝色，10cm

太平地毯
—— Reform 系列

设计单位：Lim + Lu

设计师：林振华（Vincent Lim） 卢曼子（Elaine Lu）

摄影师：太平地毯

文 / 编辑：高红 李响

　　太平地毯 Reform 系列是高级订制手工地毡品牌太平与以香港为基地的跨领域设计公司Lim + Lu推出的产品，该系列设计从几何形状的角度出发，创作出适合不同空间及用途的地毯。Reform 系列在 2017 年 5 月 21 日至 24 日于纽约 ICFF 首次展出，并于 9 月 8 日至 12 日于巴黎家具家饰展中再度展出。

　　建筑师林振华（Vincent Lim）及卢曼子（Elaine Lu）的设计灵感源自日常生活的点滴，突破了地毯必须为矩形及静态的局限。设计师创作了能够灵活改变形状的地毡，以适用不同空间的需要，Reform 系列设计旨在通过改变使事物得以改善，这是一张可以适合任何空间而不必牺牲其原来特色的组装地毯，由三个模块组成，使用者不论在何种空间，都能够将地毯完美地拼合组装在一起。设计师利用传统色轮的多彩颜色及重叠的圆圈，将 Reform 系列带入房间，重叠圆圈组成的色彩图表通常与视觉教学有关，这是 Reform 系列的首个灵感来源。

　　Reform 系列地毯设计展现了不同元素的组行性。色彩组合方面，以浅粉红及粉蓝色模仿石头，以银和铜等色调模仿金属及宝石纹理；在材质物料方面，使用了不同粗幼的纱线及不同高度的羊毛、哑光丝、绢丝和麻质，和有光泽的优质丝面料等编织而成，采用如切割、重复加入不同高度的绒毛、合股纱编织技术、结合簇绒及雕刻技术（结合手工雕刻、斜切和压花的精工），以达到不同纹理的效果。而 Reform 系列地毯的特点是在百分百羊毛上以作色彩重组，两款地毯在太平的厦门工作坊以全手工制作。工艺细节与创新构想的完美结合，最终将复杂的设计制作成高品质的地毯作品，鲜明的美学特点体现在定制地毯上。

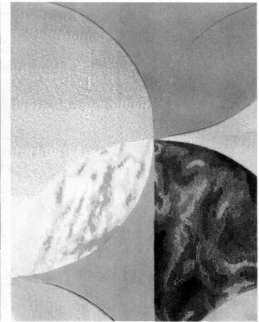

指导幼儿园设计的 "红宝书"

　　幼儿园是小朋友的快乐天地，幼儿园时光也是孩子重要的童年记忆，因此幼儿园的发展受到越来越多人的关注。良好的硬件设施和人性化的软件设施都是带给孩子快乐的必需条件。然而不可否认的是，中国的幼儿园设计现状不容乐观，单一或不协调的颜色搭配，不仅不利于孩子审美情趣的培养，也破坏了整个城市的和谐色彩。

　　这里介绍 3 本幼儿园设计的 "红宝书"，希望给大家启发，送孩子一个真正的乐园。

《砌筑童年》

作者：吴晓东 王丹 单晓娴
出版社：江苏凤凰科学技术出版社
出版时间：2016 年 5 月
装帧：精装
页数：376
开本：16 开
正文语种：中文
定价：338 元
ISBN：9-787-5537-5764-3

编辑推荐

本书收录了国际幼儿园设计案例 33 个，从建筑的形式上分为四大类：线性式、集中式、院落式和集中式，展现了国际幼儿园的新的设计趋势，给幼儿园的设计者、经营者和教育者新的启发与思考。

良好的学前教育不仅为人的发展奠定良好的基础，还有利于提高义务教育质量，促进社会和谐稳定发展。幼儿园不仅仅要照顾儿童的身体，还要承担起促进儿童发展、培养儿童个性的重任，使孩子将来能适应变化的社会。在这种状况下，对幼儿园建筑也会提出新的要求，因此现代幼儿园建筑设计要想方设法创造一些趣味空间，对于那些边边角角的公共辅助空间，可以通过一些新奇的设计手法获得意想不到的空间效果。本书从幼儿园建造的选址、不同教育模式的幼儿园建筑形态、幼儿园建筑的新趋势等方面，以及近年出现的作品，来分析建筑师对这一问题的思考，其中的一些设计新趋势颇值得借鉴。

内容简介

收录了 33 个国外幼儿园案例，每一个案例都有详细的分析和精美的照片。从建筑的形式上分为四大类：线性式、集中式、院落式和集中式，展现了国际幼儿园的新的设计趋势。国外幼儿园设计的成功经验总结：

平面设计开放化。幼儿园的发展跟随着教育方式上的转变，如多组式活动单元并不强调班组之间的严格分隔，各班级活动单元内要创造开放、灵活的角色游戏、兴趣游戏的空间，让幼儿园教学能经常变换活动方式，让幼儿能自由选择活动内容。同时，在全园内要开辟供各班幼儿相互交往的多种多样的工作坊，如陶艺室、扎染室、厨艺室等。

空间设计趣味化。幼儿对周围事物天生有一种好奇的探索精神，正是这种心理特征不断增长着幼儿的见识，因此现代幼儿园建筑设计要想方设法创造一些趣味空间，对于那些边边角角的公共辅助空间，可以通过一些新奇的设计手法获得意想不到的空间效果。

作者简介

吴晓东，男，大连风云建筑设计公司总经理，大连理工大学建筑与设计学院讲师，参与大连众多文化建筑的设计，中国建筑学学会会员。

王丹，男，大连风云建筑设计公司董事长，大连理工大学建筑与设计学院任教，国家高级环艺师、中国建筑学学会会员、中国民族建筑研究会资深会员。

单晓娴，女，景德镇陶瓷学院科技艺术学院助教，研究生学历，主要研究方向为环境艺术设计。

《儿童保育中心设计指南》

作者：安妮塔·鲁伊·奥尔兹
出版时间：2008 年 6 月
页数：541
定价：96 元
装帧：平装
ISBN：9-787-1112-3579-8

编辑推荐

儿童是祖国的未来！为儿童设计实用空间是一项相当复杂的任务。它需要对儿童及相关人员实用空间在形式和功能上的巧妙精确权衡。《儿童保育中心设计指南》对幼儿园的设计有很好的指导作用。

内容简介

《儿童保育中心设计指南》是美国著名设计师和心理学家安妮塔·鲁伊·奥尔兹 30 年设计实践经验的总结，旨在帮助建筑师设计出各种涉及儿童的建筑空间。书中以设计实例为基础，一步一步地讲解室内和室外设施布置及设计原则。在阐述儿童空间重要因素的基础上，注重对设计思路和解决方案的选择，同时兼顾了设计步骤的高效性、中心设计的智能性和功能空间布局的有效性。全书收录平面图、设计图、照片及图表 550 多张，是建筑师设计包含儿童空间建筑的得力工具。

作者简介

安妮塔·鲁伊·奥尔兹，于哈佛大学获得人类发展和社会心理学博士学位，并于 1969~1999 年在艾略特·皮尔森学院任教，主要从事儿童研究工作。她同时还是儿童保育学院的创始人和主管，儿童保育设计者年度培训计划专家，塔虎兹大学和哈佛大学研究生设计院的联合主办人。她个人在加州伍德艾克开设的公司——安妮塔·鲁伊·奥尔兹及其同事联合公司，是建立在她 30 年以来所有儿童保育环境设计的经验基础上的儿童保育设计公司，其中所涉及的项目包括医院、操场和学校。作为一名社会科学家和一名设计师，她经常要为建筑和设计公司提供咨询服务，并且帮助用户决定所需要使用的空间和内部结构。

《七彩童年》

编辑推荐

色彩艺术是灵魂沟通的桥梁，是真正的"世界通用语言"。此书是儿童精品书，于2004年出版至今，已被重印多次，广受好评，画面优美、印刷精致、内容贴合实际的同时，也具有创新理念。

内容简介

插图是用水彩、铅笔和不透明水彩画在热压插画纸板上，Graeme Base这位画动物的高手，再次演绎了一场华丽的动物插画视觉盛宴。

作者介绍

葛瑞米·贝斯（*Graeme Base*）是全球知名的儿童绘本创作家。他所创作的字母书 *Animalia* 在1986年出版后便大获成功。随后，他的 *The Eleventh Hour*，荣获澳洲童书协会年度绘本奖。The Waterhole 结合了绘本风格与算术，独创的手法获得高销量的肯定。其他的长销作品包括 *My Grandma Lived in Gooligulch*、*The Sign of the Seahorse*、*The Discovery of Dragons*、*The Worst Band in the Universe*。除了绘本创作，他还于2003年出版了青少年小说 *TruckDogs*。

作者：Graeme Base
出版社：Puffin
出版时间：2016年2月
装帧：平装
页数：32
纸张：铜版纸
开本：32开
ISBN：9-780-1405-5996-5

奇居良品家居体验馆

　　为广大读者推荐的店铺自然不可马虎，小编先在网店进行详细调查和筛选，最终锁定了"奇居良品"，他家的东西让人眼前一亮，不仅设计感十足，而且价位也公道。别看只是网店，线下可是拥有百人以上的实体企业，小编亲自去了上海的实体店进行实地考察，对每个产品都进行了深度了解，每个产品的背后都是设计师辛苦汗水的结晶，从设计到材料的选择都是严格把控，力求将产品完美的展现给顾客。

十足趣味体验馆——奇居良品

达人说

品牌创始人：杜定川

奇居良品创立于2009年，推崇以人为本的设计理念，围绕人文艺术，融合现代潮流设计元素，打造实用的高品质整体软装产品系列。奇居良品产品涵盖七大软装风格，7000多款家居单品，10000平米的现货仓储，我们通过专业的软装设计服务团队，为客户提供专业的软装设计服务和产品解决方案，致力于成为一站式服务的人文艺术整体家居品牌。

奇居良品家居旗舰店

网址：https://qjlp.tmall.com/

实体店地址：上海市静安区汶水路 480 号鑫森园区 1 栋 105 号

营业时间：周一到周日 9:00-18:00

日式和风木质餐具　218 元 ▲

设计说明：工艺精细，清晰可见的木纹，纹理通直，结构均匀不翘不裂，边缘光滑，手感细腻

艾玛仕陶瓷调料罐四件套　278 元 ▲

设计说明：采用陶瓷制作，表面凸显光泽度，爱马仕图案瓶身，色彩淡雅，给人以美的享受

ROYALE 系列陶瓷茶具 13 件套礼盒　598 元 ▼

设计说明：工艺精细，采用高温陶瓷，造型曲线流畅柔婉，色彩多样，英式风格；摆放在家也是一道靓丽的风景线

日式和风楠木鱼型勺　39.9 元 ▶

设计说明：木质坚硬，经久耐用，日式风格，简约时尚，清晰可见的木纹，让人爱不释手

仿真水果 148 元 ▼

设计说明：仿真水果，手感真实，没有气味，色彩艳丽，颜色过渡自然，还原果实成熟的真实状态，摆放在桌子上，别具一番风味

冰裂纹贴花双筒筷子桶　238 元 ▼

设计说明：采用环保树脂材质，陶瓷材质，冰裂纹贴花设计，美观不失典雅

现代简约手工陶土花瓶
大：2598 元 / 中：1998 元 / 小：1598 元

设计说明：仿古做旧落地花瓶，采用高温烧制而成，简约
造型，线条生动，端庄俊秀，易于搭配

欧式客厅陶瓷摆瓶三件套   1178 元

设计说明：冰裂纹陶瓷摆件，皇冠顶形设计，纹理清晰，
色彩搭配经典，曲线优美，表面光滑，无论是摆放在哪，
都博人眼球，给人焕然一新的感觉

日式和风手作点心碟　158元 ⏚

设计说明：选材天然的胡桃木，保留了原有的
纹理，表面油漆处理，素淡细腻的表纹，营造
出不规则的美

胡桃木色西餐桌　8980元 ⏚

设计说明：采用现代简约的风格，工艺精细，边
角打磨圆滑，美观和实用兼备，彰显质感